Kutubuddin Sayyad Liyakat Kazi

Luz de rua inteligente baseada em LoRa

Kutubuddin Sayyad Liyakat Kazi

Luz de rua inteligente baseada em LoRa

ScienciaScripts

Cover image: www.ingimage.com

This book is a translation from the original published under ISBN 978-620-8-41519-8.

Publisher:
Sciencia Scripts
is a trademark of
Dodo Books Indian Ocean Ltd. and OmniScriptum S.R.L publishing group

120 High Road, East Finchley, London, N2 9ED, United Kingdom
Str. Armeneasca 28/1, office 1, Chisinau MD-2012, Republic of Moldova, Europe
Managing Directors: Ieva Konstantinova, Victoria Ursu
info@omniscriptum.com

Printed at: see last page
ISBN: 978-620-8-40671-4

RESUMO

Os candeeiros de rua proporcionam segurança e iluminação às nossas estradas e passeios, tornando-os uma parte essencial da vida quotidiana. No entanto, estão sujeitos a erros e avarias, como qualquer outro aparelho elétrico. Para além de ser um incómodo para o público em geral, isto pode resultar em luzes intermitentes, falhas de lâmpadas, curto-circuitos ou circuitos abertos. Os sistemas de controlo da iluminação pública são essenciais para garantir a eficácia e a segurança das nossas estradas. Contribuem para a criação de um ambiente bem iluminado para os veículos e peões, identificando e evitando as luzes intermitentes, as falhas das lâmpadas, os curto-circuitos e os circuitos abertos. Os dados destes sistemas também podem ajudar na tomada de decisões económicas, fornecendo informações sobre manutenção e actualizações. Para garantir o bom funcionamento da iluminação pública, as cidades e os municípios devem investir nestes sistemas. A gestão da iluminação pública foi melhorada graças à monitorização da iluminação pública baseada em LoRa. Este sistema também utiliza os sensores como os de corrente e temperatura para análise e conclusão. Ele melhorou a eficiência e reduziu o custo de monitoramento e manutenção das luzes da rua, detectando cintilação, o potencial de falha da lâmpada, curtos-circuitos, e circuitos abertos. A sua utilidade é ainda maior devido aos dados em tempo real e às funcionalidades de controlo remoto. No sistema proposto, o estado de uma determinada lâmpada do poste de iluminação pública é indicado pelo desvio de corrente. Trata-se de uma solução engenhosa e respeitadora do ambiente que permite poupar despesas e conservar energia, garantindo simultaneamente a segurança das nossas cidades.

ÍNDICE DE CONTEÚDOS

Capítulo 1
INTRODUÇÃO

1.1 Introdução

Os candeeiros de iluminação pública são uma componente necessária da vida quotidiana. Tornam as nossas deslocações mais seguras e cómodas, iluminando os passeios e as estradas. No entanto, a manutenção e a monitorização da iluminação pública são frequentemente ignoradas, o que pode resultar em ineficiências e possíveis riscos de segurança. Graças aos recentes desenvolvimentos tecnológicos, os sistemas de monitorização da iluminação pública tornaram-se uma solução viável para estes problemas. Estes sistemas mantêm e monitorizam eficazmente a iluminação pública através da utilização de sensores, dados em tempo real e capacidades de controlo remoto. A conservação de energia é uma das principais vantagens da monitorização da iluminação pública. As luzes de rua convencionais têm temporizadores que permitem que sejam ligadas e desligadas em intervalos predefinidos. Isto significa que, quando as luzes não são necessárias durante o dia, é consumida energia desnecessária. Ao programar as luzes para se ligarem apenas quando necessário, os sistemas de monitorização da iluminação pública ajudam a reduzir o desperdício de energia e as despesas associadas[1].

Além disso, estes sistemas podem também alterar a luminosidade de acordo com a quantidade de luz natural presente. Este facto não só conserva energia[2] como também contribui para uma diminuição da poluição luminosa, que tem efeitos negativos na saúde humana e no habitat dos animais. A deteção e comunicação de falhas em tempo real é outra vantagem da monitorização da iluminação pública. Os sensores do sistema são capazes de identificar quaisquer problemas ou falhas, e podem transmitir esta informação ao pessoal de manutenção para que este possa tomar medidas imediatas. Isto reduz a probabilidade de acidentes e cria um ambiente mais seguro para carros e peões, garantindo que as luzes avariadas são prontamente reparadas ou substituídas.

Além disso, os sistemas de monitorização da iluminação pública fornecem capacidades de controlo remoto, permitindo aos operadores vigiar e gerir as luzes a partir de um único local. As autoridades locais pouparão tempo e custos devido à eliminação da necessidade de inspecções manuais. Além disso, permite-lhes reagir rapidamente a quaisquer problemas que possam ocorrer, incluindo cortes de energia ou alterações nos padrões de tráfego.

Para além destas vantagens úteis, a monitorização da iluminação pública pode também melhorar o ambiente. A redução do consumo de energia ajuda na luta contra as alterações climáticas, diminuindo as emissões de carbono. Também incentiva a sustentabilidade porque utiliza os recursos de forma mais sensata, reduzindo o desperdício e a necessidade de substituições regulares. Por outro lado, existem alguns problemas com os sistemas de monitorização da iluminação pública. Dado que estes dispositivos recolhem dados em tempo real de locais públicos, a privacidade é uma das principais questões. É imperativo que os governos locais implementem políticas e procedimentos claros para salvaguardar a privacidade dos indivíduos e garantir a utilização correta dos dados obtidos, a fim de resolver esta questão. Em suma, os sistemas de monitorização da iluminação pública são uma forma avançada e eficaz de controlar e manter a iluminação pública. Apresentam muitas vantagens, como a redução dos custos, o aumento da segurança e a poupança de energia. Para tornar as cidades mais sustentáveis e habitáveis para todos, é crucial investir em tecnologias inteligentes, como a monitorização da iluminação pública, à medida que as cidades se expandem e mudam.

Os candeeiros de iluminação pública são uma parte indispensável da vida quotidiana, se iluminarem e tornarem seguras as nossas estradas e passeios. No entanto, como acontece com qualquer dispositivo elétrico, são propensos a avarias e falhas. Isto pode levar a luzes intermitentes, falhas nas lâmpadas, curto-circuitos ou circuitos abertos, o que pode constituir um risco para a segurança e um incómodo para o público. Com o avanço da tecnologia, foram desenvolvidos sistemas de monitorização da iluminação pública para detetar e prevenir estes problemas. A Figura 1.1 mostra os problemas associados à iluminação pública.

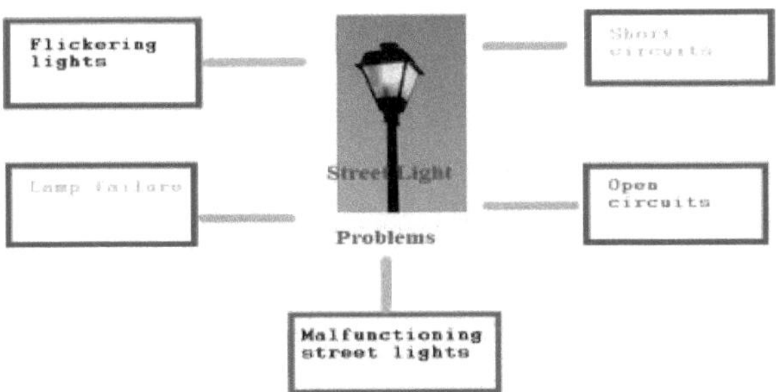

Figura 1.1- Problemas associados à iluminação pública

As luzes intermitentes são um problema comum que muitas vezes não é tido em conta. Embora possa parecer um pequeno incómodo, pode ser um sinal de um problema maior. As luzes intermitentes podem ser causadas por uma variedade de factores, tais como fios soltos, ligações defeituosas ou até mesmo uma lâmpada avariada. Se não for vigiada, pode levar a uma falha total da lâmpada, deixando uma área escura e insegura. Com os sistemas de monitorização da iluminação pública, qualquer luz intermitente pode ser detectada e tratada imediatamente, garantindo que as luzes estão sempre a funcionar corretamente.

A falha das lâmpadas é outro problema comum que pode ocorrer com os candeeiros de rua. Isto pode ser provocado por uma variedade de factores, como a idade avançada, condições climatéricas extremas ou mesmo vandalismo. Uma única lâmpada avariada pode criar uma mancha escura na rua, dificultando a visibilidade dos condutores e peões. Com um sistema de monitorização implementado, quaisquer lâmpadas avariadas podem ser rapidamente identificadas e substituídas, assegurando que a área permanece bem iluminada e segura.

Os curto-circuitos e os circuitos abertos são dois problemas eléctricos que podem representar um risco de segurança significativo. Os curto-circuitos ocorrem quando há uma ligação não intencional entre dois fios, provocando um pico de eletricidade. Isto pode levar a sobreaquecimento e até a incêndios. Por outro lado, os circuitos abertos ocorrem quando há uma rutura no circuito elétrico, resultando na ausência de transmissão de eletricidade. Isto pode deixar uma área completamente escura e perigosa. Os sistemas de monitorização da iluminação pública podem detetar estes problemas e alertar as autoridades, permitindo a tomada de medidas imediatas[2].

Para além dos problemas de segurança, o mau funcionamento da iluminação pública também pode resultar em perdas financeiras para as autarquias e cidades. Uma única falha numa lâmpada pode levar a um aumento do consumo de energia e dos custos de manutenção. Com um sistema de monitorização instalado, qualquer problema pode ser rapidamente identificado e resolvido, evitando mais despesas[3].

Além disso, os sistemas de monitorização da iluminação pública também podem fornecer dados valiosos sobre o desempenho da iluminação pública. Estes dados podem ser utilizados para otimizar o calendário de manutenção e melhorar a eficiência das luzes. Ao identificar padrões e tendências, as autoridades podem tomar decisões informadas sobre quando substituir as luzes mais antigas ou atualizar para opções mais eficientes em termos energéticos[4].

Utilização adequada e manutenção contínua -

A aplicação de boas práticas de manutenção permite reduzir o consumo excessivo de energia na iluminação pública. Por exemplo:

- Substituir as lâmpadas, os acessórios e a cablagem defeituosos.
- Os cabos defeituosos têm de ser reparados o mais rapidamente possível.
- É necessária uma colocação correta dos cabos.
- É necessário examinar regularmente a caixa de fusíveis para evitar contactos soltos.
- A manutenção de uma cobertura de luminária limpa e sem pó aumenta a produção de luz.

A instalação de temporizadores mecânicos ou eléctricos e/ou sensores de luz do dia para ligar e desligar as luzes da rua também pode poupar uma quantidade significativa de energia.

1.2 Método anterior de controlo da iluminação pública

a. Utilização de LDR-

Em meados do século XX, iniciou-se uma era de desenvolvimentos tecnológicos industriais electrónicos. Um importante avanço no controlo da iluminação foi criado com o relé fotográfico. O primeiro relé fotográfico de rua foi criado em meados da década de 1930. Um elemento fotográfico, ou sensor sensível à luz, é utilizado por um relé fotográfico como elemento de controlo primário. Isto garante a melhor iluminação possível quando necessário, permitindo a comutação automática da iluminação pública de acordo com os níveis de luz circundantes.

Um ponto crucial no desenvolvimento dos sistemas de iluminação pública foi a incorporação do relé fotoelétrico. Não só resultou num aumento da eficiência, como também abriu caminho para poupanças de energia consideráveis. A figura 1.2 mostra o sistema de controlo de iluminação pública baseado em LDR.

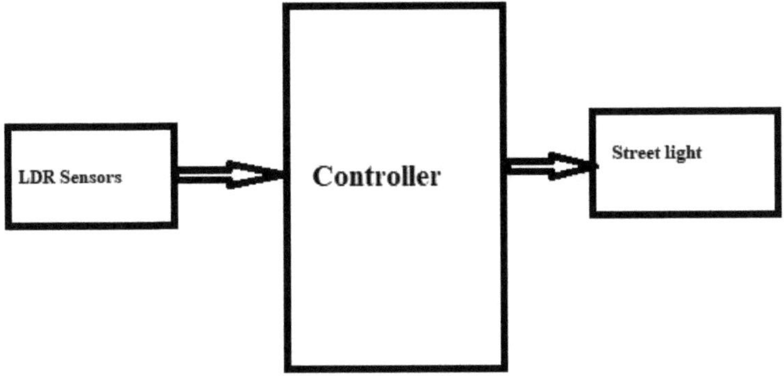

Figura 1.2 - Controlo de lâmpadas de rua com base em LDR

A eficácia da iluminação pública melhorou significativamente com o desenvolvimento do relé fotográfico. A possibilidade de as luzes se desligarem sozinhas durante o dia resultou numa poupança significativa de energia. As cidades descobriram que a iluminação pública era mais económica e conveniente como resultado.

A troca de fotografias também chamou a atenção para a primeira diferença significativa de estratégia entre os EUA e a Europa. A infraestrutura nas regiões europeias encorajou a instalação de foto-interruptores em grupos de lâmpadas, resultando em controlo de grupo ou segmento. Por outro lado, os requisitos únicos de iluminação pública e a infraestrutura nos EUA incentivaram a montagem de foto-interruptores em lâmpadas separadas.

Dependendo da quantidade de luz solar disponível, este sistema funciona ligando e desligando os candeeiros de rua utilizando o seu sensor LDR e o módulo ADC. Esta tática reduzirá a quantidade de energia desperdiçada.

São utilizados dispositivos Bluetooth e um Arduino UNO na conceção de outro sistema. Os sensores de movimento e o LDR estão incluídos na arquitetura do sistema. Esta tecnologia energeticamente eficiente é totalmente automatizada e só se liga e desliga quando necessário. Além disso, o sistema é capaz de contactar os serviços municipais em caso de necessidade de manutenção.

b. Sistema de controlo de luzes de grupo-

Os desenvolvimentos dos mecanismos de controlo da iluminação têm mudado ao longo do tempo para proporcionar sistemas mais precisos e eficientes em termos energéticos. O percurso, que incluiu relés temporizados e fotoeléctricos, tem sido fascinante.

Os sistemas de controlo baseados em relés de tempo e temporizadores ganharam popularidade na Europa. As dificuldades com os relés fotográficos - que podem ficar sujos e reagir a fontes de luz artificial, incluindo faróis de automóveis, levando a falsas activações - foram a força motriz por detrás da mudança. Num cenário de gestão de equipas, este problema pode levar a um aumento acentuado do consumo de eletricidade e a uma diminuição da vida útil do sistema.

O sistema utilizado para regular a iluminação da Torre Eiffel em Paris é um bom exemplo de controlo de iluminação de grupo com temporizadores. O processo de acendimento das luzes foi automatizado por meio de temporizadores mecânicos.

c. Sistema de controlo de iluminação pública baseado em GPS

Utiliza a tecnologia GSM, que permite a monitorização e o controlo remotos do sistema, poupando energia. A deteção de defeitos e a manutenção serão mais cómodas graças a esta tecnologia. O dispositivo permite que a iluminação pública seja alimentada por energia solar da forma mais eficaz possível (Figura 1.3).

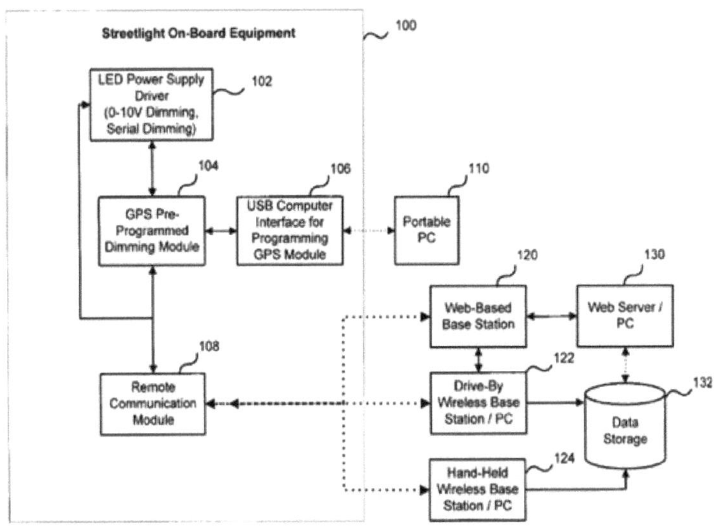

Figura 1.3 - Controlador de iluminação pública operado por GPS

São propostos um sistema e um aparelho de controlo de iluminação pública. Um GPS ligado ao funcionamento do candeeiro de iluminação pública deve fornecer os dados GPS necessários. Os dados GPS obtidos são utilizados para identificar a localização do candeeiro de iluminação pública. Os dados do GPS são utilizados para determinar a hora local atual, após o que podem ser determinadas as horas do nascer e do pôr do sol relacionadas com a localização específica. Uma vez estabelecidas as horas do nascer e do pôr do sol, um ou mais módulos de iluminação LED do candeeiro de rua podem ser ligados e desligados.

d. Sistema de iluminação pública controlado por Bluetooth-

A fim de conseguir um controlo automatizado da iluminação e aumentar a eficiência energética das lâmpadas de rua. Este documento propõe um tipo particular de sistema de gestão inteligente de controlo e monitorização de candeeiros de rua. Utilizando as tecnologias LabVIEW e Bluetooth sem fios, o sistema efectua a monitorização centralizada do sistema de iluminação pública da cidade. O módulo terminal computorizado é responsável pela deteção da informação da tensão externa do candeeiro de rua e pela produção do sinal de regulação PWM. O módulo de concentração é responsável pela recolha dos dados de tensão das lâmpadas de rua e pela transmissão dos sinais de controlo ao computador superior para visualização. O ensaio termina em com um teste prático que verifica a viabilidade e a fiabilidade do sistema. A elevada eficiência do sistema e as caraterísticas de poupança de energia permitem que a gestão dos candeeiros de rua poupe uma quantidade significativa de mão de obra e recursos materiais.

1.3 Luz de rua inteligente-

Os sistemas de monitorização da iluminação pública são cruciais para garantir a segurança e a eficiência das nossas ruas. Ao detetar e prevenir luzes intermitentes, falhas de lâmpadas, curto-circuitos e circuitos abertos, ajudam a criar um ambiente bem iluminado para condutores e peões. Os dados fornecidos por estes sistemas também podem ajudar a tomar decisões informadas sobre manutenção e actualizações, conduzindo a poupanças de custos. É essencial que os municípios e as cidades invistam nestes sistemas para garantir o bom funcionamento da iluminação pública.
Atualmente, todos os sistemas inteligentes de iluminação pública devem permitir a realização das seguintes tarefas a partir de um único local.

- Ligar e desligar a iluminação pública de forma automática e centralizada,
- Determine quais as luzes que estão fora de serviço, visualizando o estado de implementação e o tempo de atividade da luminária.
- Permitem o acompanhamento do estado atual da implantação e do tempo de funcionamento da luminária.
- Reduza o consumo de energia tanto quanto possível sem sacrificar a funcionalidade.

Com a utilização dos fundamentos acima referidos da iluminação pública inteligente, os operadores podem gerir os principais indicadores de desempenho de uma área povoada. Os níveis de luz adaptáveis na iluminação inteligente resultam em poupanças de energia. Quando uma rua está deserta, a iluminação pode ter de ser reduzida ou totalmente desligada. Isto reduz o consumo de energia, a poluição luminosa e as necessidades de manutenção.

Além disso, utilizam iluminação LED, que consome menos energia do que as lâmpadas fluorescentes, incandescentes ou de halogéneo convencionais. Por um quarto da eletricidade, estas luzes são tão brilhantes, se não mais brilhantes, do que as suas antecessoras. Podem conseguir-se poupanças de energia significativas iluminando as ruas de forma mais eficiente e evitando iluminar ruas vazias.

Os sensores ambientais, de luz e de movimento são as três principais categorias de sensores utilizadas. Cada um deles tem uma persistência distinta. Os sensores de movimento detectam se uma pessoa ou um veículo se encontra na área ou na zona, caso em que a luz terá de ser mais intensa até passar. Normalmente, são os faróis que activam os sensores de luz, mas se o aparelho for suficientemente resistente e a pessoa estiver por perto, a luz do telemóvel também pode activá-lo.

A chuva, a neve e várias outras condições meteorológicas potencialmente perigosas que exijam maior visibilidade podem ser detectadas por sensores ambientais. Estes sistemas comunicam através de uma variedade de sinais. Os postes de iluminação podem comunicar entre si através de sinais de radiofrequência, pelo que, quando um detecta movimento, os outros à sua volta também se acendem. A comunicação sem fios entre os postes com o serviço de controlo central é facilitada pela tecnologia celular. As redes em malha têm a capacidade de fornecer sinais celulares à rede e são utilizadas para ligar toda a área.

Uma vez que vários cenários requerem níveis de luminosidade diferentes, é fundamental determinar antecipadamente o que será necessário. Devem ser tidos em conta factores como a quantidade de tráfego, a existência de caminhos para as pessoas caminharem e as leis locais.

A menor quantidade de iluminação é necessária numa estrada vazia perto de uma área amplamente habitada. Enquanto não for habitada, estas luzes podem ser frequentemente desligadas. Uma rua com muito trânsito, pelo contrário, pode exigir uma iluminação mais intensa. Uma vez que os riscos são mais fáceis de identificar, o nível de segurança aumenta.

É necessário ter em conta numerosos factores, entre os quais os que são bastante situacionais. Alguns, no entanto, serão relevantes em praticamente todas as situações. A capacidade de regular a intensidade das luzes pode elevar a iluminação pública inteligente a novos patamares. Em circunstâncias específicas, as luzes podem ser reguladas em vez de apenas ligadas ou desligadas.

Dependendo do âmbito da cidade, ter controlo remoto sobre o sistema pode ser vital. Enquanto as comunidades maiores podem considerá-lo indispensável, as mais pequenas podem ser capazes de sobreviver sem ele. Outros factores cruciais a ter em conta são a robustez e a vida útil da instalação.

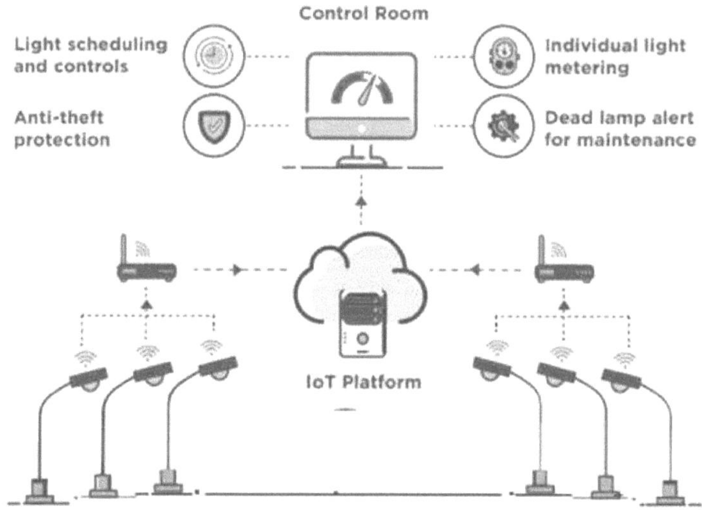

Figura 1.4- Iluminação pública inteligente utilizando LORA

O protótipo mostrado na Figura 1.4 usa uma arquitetura mestre-escravo, com o gateway LoRa servindo como mestre e cada poste de luz como escravo. Em relação a outras formas de comunicação como wifi, Bluetooth, NFC, etc., o gateway Lora tem um alcance maior. Embora o GSM tenha um maior alcance, também tem custos de adesão, enquanto o LoRa é gratuito e consome muito pouca energia quando está a ser utilizado. Para que o utilizador possa monitorizar remotamente as luzes da rua, o Master tem de ter acesso à Internet. Assim, o gateway Master tem a capacidade de conectar e regular uma grande quantidade de postes de iluminação pública.

Uma luz de rua LED existente pode ter um controlador de luz de rua LoRa instalado, como mostrado na Figura 1.5.

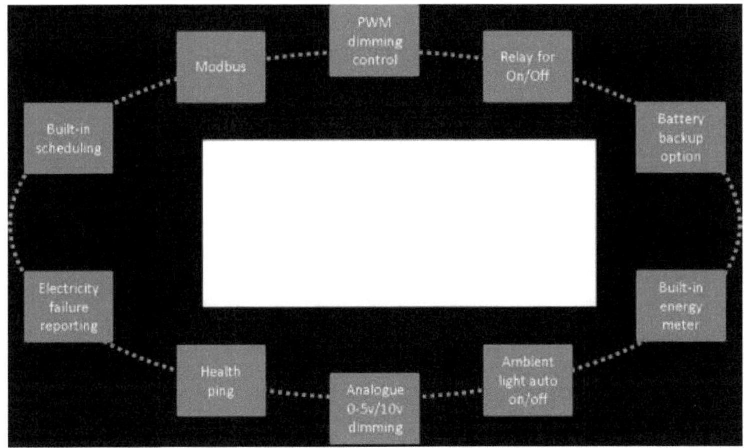

Figura 1.5- Vantagens do LoRa na iluminação pública

Os candeeiros de rua proporcionam segurança e iluminação às nossas estradas e passeios, tornando-os uma parte essencial da vida quotidiana. No entanto, estão sujeitos a erros e avarias, como qualquer outro aparelho elétrico. Para além de ser um incómodo para o público em geral, isto pode resultar em luzes intermitentes, falhas de lâmpadas, curto-circuitos ou circuitos abertos. Os sistemas de controlo da iluminação pública são essenciais para garantir a eficácia e a segurança das nossas estradas. Contribuem para a criação de um ambiente bem iluminado para os veículos e peões, identificando e evitando as luzes intermitentes, as falhas das lâmpadas, os curtos-circuitos e os circuitos abertos.

Os dados destes sistemas podem também contribuir para a tomada de decisões económicas, fornecendo informações sobre a manutenção e as actualizações. Para garantir que a iluminação pública funcione sem problemas, as cidades e municípios devem investir nesses sistemas. A gestão da iluminação pública foi melhorada graças à monitorização da iluminação pública baseada em LoRa. Este sistema também utiliza os sensores como os de corrente e temperatura para análise e conclusão. Ele melhorou a eficiência e reduziu o custo de monitoramento e manutenção das luzes da rua, detectando cintilação, o potencial de falha da lâmpada, curtos-circuitos, e circuitos abertos.

A sua utilidade é aumentada ainda mais pelas caraterísticas de dados em tempo real e de controlo remoto. No sistema proposto, o estado de uma determinada lâmpada do poste de iluminação pública é indicado pelo desvio de corrente. Trata-se de uma solução engenhosa e ecológica que permite poupar despesas e conservar a energia, garantindo simultaneamente a segurança das nossas cidades

Caraterísticas dos candeeiros de rua inteligentes -

Embora as caraterísticas dos postes de iluminação pública inteligentes variem em função da tecnologia específica utilizada pelos urbanistas, alguns aspectos típicos são os seguintes

- Comunicações celulares e sem fios alargadas;
- Evacuações automatizadas em caso de acidente de viação ou de má conduta;
- Gestão do tráfego através do fornecimento de dados em tempo real que monitorizam o congestionamento e a rapidez;
- Controlos dinâmicos da iluminação em função da deteção de movimentos;
- Ecrãs digitais que podem ser modificados conforme necessário, incluindo regulamentos de estacionamento ou alertas de acidentes;
- Monitorização ambiental e meteorológica;
- Controlo das condições de estacionamento e gestão dos lugares de estacionamento.

Vantagens da iluminação pública inteligente-

A instalação de sistemas inteligentes de iluminação pública tem as seguintes vantagens

- Os controlos flexíveis de regulação da intensidade luminosa reduziram os custos de energia e as convenções;
- As medidas de segurança reforçadas melhoraram a satisfação dos peões;
- O software de monitorização tem custos compactos de reparação e manutenção;
- As emissões de CO2 e a poluição luminosa diminuíram;
- A vida útil das lâmpadas aumentou e os tempos de resposta a falhas de energia diminuíram;

- Os padrões de tráfego em tempo real e as informações obtidas melhoraram o planeamento arquitetónico; e
- Existem mais oportunidades de receitas, como pólos de aluguer para marketing digital ou outros serviços.

As ***desvantagens*** das lâmpadas inteligentes

- Embora a atualização das redes de iluminação tenha benefícios a longo prazo, existem alguns inconvenientes. A iluminação pública inteligente tem um custo inicial elevado, mas permite poupar dinheiro ao longo do tempo. Mais de 40% das despesas de energia de qualquer cidade podem ser atribuídas à iluminação pública, embora a mudança de luminárias de halogéneo para luminárias LED simples possa poupar imediatamente até 80% desse montante.
- Pode ser difícil selecionar as melhores plataformas tecnológicas e aplicações porque existem muitas disponíveis. Outro problema é o facto de as diferentes redes não utilizarem as mesmas normas.
- A ignorância dos consumidores relativamente às funções e vantagens das lâmpadas inteligentes é outro obstáculo. Por último, é necessário seguir as regras dos serviços públicos e federais para a instalação de candeeiros de rua inteligentes.

Exemplos de candeeiros de iluminação pública inteligentes

Os investimentos em iluminação pública inteligente estão a dar frutos para as cidades. Os SmartPoles, que fornecem receção Long-Term Evolution (LTE) e conservam energia, aumentaram as receitas de Los Angeles; no entanto, um programa de quatro anos em Chicago poderá poupar 10 milhões de dólares por ano em despesas de energia ao substituir 2,70,000 luzes municipais por LED e controlos inteligentes.

Foram colocados em San Diego postes de iluminação pública inteligentes com vários sensores para ajudar a apontar os carros na direção dos lugares de estacionamento livres e notificar as autoridades policiais dos veículos estacionados ilegalmente. Estas lâmpadas inteligentes têm a capacidade de interagir com vários sistemas para identificar os cruzamentos mais perigosos e os que necessitam de ser remodelados. Ao monitorizar os cruzamentos e registar quando o tráfego se acumula, este tipo de sistemas pode ajudar as cidades a ajustar os sinais de trânsito. Além disso, os sensores ligados às lâmpadas podem captar sons como tiros, vidros estilhaçados ou uma catástrofe automóvel.

1.4 Vantagens da utilização de um LoRa para iluminação pública

As caraterísticas deste candeeiro incluem:

- Dando a cada um deles uma identidade única;
- Dotando-o de capacidades de ligar/desligar sem fios através da unidade de controlo de alimentação da luz de rua GSM + LoRa;
- Detetar e comunicar instantaneamente as avarias na iluminação pública;
- Permite o controlo independente da luz com base no calendário e no temporizador;
- Deteção e comunicação de baixa luminância / saída na luz; prolongamento da vida útil do LED através da deteção e comunicação de sobreaquecimento da unidade de luz;
- E permite o controlo manual instantâneo das luzes através do sistema de controlo por software.
- Consumo de energia extremamente baixo que se paga a si próprio em menos de quatro anos e pode poupar até 60% de energia
- Luzes que podem ser identificadas e endereçadas de forma única, a fim de operar cada luz individualmente em tempo real e identificar luzes com mau funcionamento.
- Adaptação simples das actuais luzes de rua LED para começar a poupar de imediato
- Simples de instalar e operar os candeeiros de rua;
- Monitorização e operação completas do sistema de iluminação pública através de software baseado na nuvem

1.5 Caraterísticas do controlador de iluminação pública baseado em LoRa

- ➢ SMPS incorporado para a unidade de controlo;
- ➢ Monitorização integrada do consumo de energia para candeeiros de rua;

- 2 portas ADC integradas para deteção de temperatura e luminosidade;
- IP66 à prova de intempéries, caixa em policarbonato com estabilizadores UV;
- Modem LoRa de 25dbm integrado para comunicação sem fios até 3KM

Capítulo 2

DECLARAÇÃO DO PROBLEMA E OBJECTIVOS

2.1 Declaração do problema

- *Conceber e desenvolver um sistema de controlo de iluminação pública sem fios utilizando o módulo LORA para fornecer deteção e localização de falhas. Analisar também o mesmo para detetar falhas.*

Um candeeiro de iluminação pública que utilize a funcionalidade opcional de regulação da intensidade luminosa pode ser ligado sem fios a um controlador de candeeiros de rua LoRa. Para que esta unidade de controlo funcione corretamente, é necessário que uma unidade de controlo de alimentação de candeeiros de rua GSM + LoRa esteja a menos de 3 km do candeeiro de rua.
O objetivo deste projeto é construir um protótipo de luz de rua inteligente que dê ao utilizador feedback de desempenho e gestão do nível de iluminação. Este protótipo usa uma arquitetura mestre-escravo, com o Gateway LoRa a servir como mestre e cada semáforo como escravo. Comparado com outras formas de comunicação como WiFi, Bluetooth, etc., o gateway Lora tem um alcance maior. Embora o GSM tenha um alcance maior, também está sujeito a taxas de adesão, enquanto o LoRa é gratuito e consome muito pouca energia quando está a ser utilizado. Para que o utilizador possa monitorizar remotamente as luzes da rua, o Master tem de ter acesso à Internet. Assim, o gateway Master tem a capacidade de interligar e regular uma enorme quantidade de postes de iluminação pública.

2.2 Objetivo e âmbito de aplicação

Este projeto pretende criar um protótipo de luz de rua inteligente que dê ao utilizador feedback sobre o desempenho e gestão ao nível da lâmpada. Neste protótipo, o gateway LoRa funciona como mestre e cada candeeiro de rua como escravo. Considerando que o alcance do gateway LoRa é maior que o de outras formas de comunicação como NFC, Bluetooth, WiFi, etc. Apesar de ter um alcance maior do que o GSM, o LoRa é de uso gratuito e consome muito pouca energia quando está em uso. O GSM, por outro lado, exige uma taxa mensal. A ligação à Internet do master permite ao utilizador observar remotamente as luzes da rua. Portanto, uma grande quantidade de lâmpadas de rua pode ser conectada e gerenciada através do gateway mestre.

1. *Conceber um sistema de controlo para identificar o estado da iluminação pública utilizando um quadro de controlo.*
2. *Conceber e implementar um sistema de controlo para a transmissão de dados utilizando o módulo RF LoRa.*
3. *Desenvolver e implementar um modelo na unidade do servidor para diferenciar os dados baseados na mesma frequência provenientes da unidade de controlo da iluminação pública utilizando o módulo Lora.*
4. *Para comparar o resultado com base na condição da corrente do TC, o consumo de energia, bem como a fatura eléctrica dos últimos 12 meses, e a previsão de avarias é apresentada.*

Âmbito de aplicação

1. *Neste projeto proposto, a lâmpada LED é utilizada como um amplificador de luz de rua e implementada para dois postes de luz de rua específicos.*
2. *A precisão deste projeto está sujeita a uma elevada precisão da transmissão de dados e esta transmissão e análise de dados podem ser implementadas utilizando python*

Capítulo 3
REVISÃO DA LITERATURA

3.1 Documentos relacionados

N. Sravani[1], propôs um sistema para controlar as luzes da rua e monitorizar a deteção de falhas utilizando LoRa. Um sistema baseado na IoT para monitorizar e controlar luzes de rua energeticamente eficientes é o foco do seu projeto. Uma vez que os aparelhos de iluminação consomem muita energia, é crucial aumentar a eficiência e identificar prontamente os problemas. Neste estudo, são aplicadas duas metodologias de modelo diferentes, consoante a aplicação. A tecnologia sem fios IEEE 802.11 é utilizada em pequenas áreas ou espaços fechados onde cada aparelho está ligado à nuvem[44]. Quando o número de aparelhos aumenta apenas numa direção, é utilizada a segunda variação - a configuração com fios - que é comparável ao poste de iluminação pública para resolver problemas de alcance. Assim que um problema é identificado, é carregada uma página Web com o problema específico do número do poste.

O sistema proposto para o controlo automático da iluminação pública e a deteção de avarias com armazenamento na nuvem é do Sr. T. Gowdhaman [2]. O objetivo do seu projeto é equipar a iluminação pública com controlo automático e deteção de avarias. O sistema de iluminação centra-se na eficiência energética, no funcionamento automatizado a baixo custo adequado para as ruas e na resposta rápida a informações sobre avarias nas lâmpadas de rua. Além disso, os erros resultantes do trabalho manual também podem ser eliminados. A Internet das Coisas foi utilizada para ligar e desligar a iluminação pública. O sistema de iluminação pública determina se deve ligar ou desligar os candeeiros de rua com base nas condições meteorológicas. Um refletor de deteção de luz (LDR) detecta condições de luz e escuridão. O sistema desliga-se se o tempo estiver claro. O sistema de iluminação liga-se se o tempo estiver sombrio. Após a ligação da luz, o sensor LDR é também utilizado para verificar o estado do brilho da luz ou a falta dele. O sensor avisa o sistema de iluminação pública do valor se a luz não estiver a brilhar. Através do GSM[45], o sistema de iluminação pública gera mensagens e transmite mensagens SMS para os números de telemóvel dos membros da ala e dos funcionários da ala. Os valores dos sensores são simultaneamente guardados num servidor na nuvem. Em qualquer lugar e a qualquer momento, podemos aceder aos dados do sistema de iluminação na nuvem.

No sistema de iluminação pública inteligente proposto por Siddarthan[3], descreve-se um sistema de iluminação inteligente que utiliza sensores para gerir eficazmente as luzes da rua, regulando-as e iluminando-as conforme necessário. A Internet das Coisas (IoT) é a base deste sistema. Conserva uma grande quantidade de eletricidade e energia e ajuda a diminuir os acidentes de trânsito. Oferece mais eficiência e segurança. Ao iluminar a área, também cria um ambiente seguro para os peões durante a noite.

O Dr. H Ravishankar Kamath et al[4] propõe um sistema denominado "Street light monitoring system using IoT". Este artigo utiliza a IdC para abordar sistemas de iluminação inteligentes. Um sistema que é operado por um servidor monitoriza todas as luzes de rua. Pode utilizar o módulo GSM[30] para enviar uma mensagem ao controlador e transmitir informações sobre o estado da lâmpada. Permite uma observação precisa e tira partido de uma posição de autoridade.

Os únicos objectivos do sistema proposto por Mathew et al. [5]- Sistema de monitorização e gestão de dispositivos baseado em IOT usando LoRa/LoRaWAN - são monitorizar o estado operacional de dispositivos eléctricos e regular remotamente a sua capacidade de ligar/desligar a partir de um único local. A arquitetura do sistema permite uma iluminação eficaz de interiores e exteriores. Reduz significativamente o consumo de energia eléctrica ao permitir uma gestão centralizada dos aparelhos, aumentando também a eficiência do sistema ao enviar alertas em caso de avaria. O controlo móvel baseado em aplicações gráficas fornece ao utilizador uma plataforma intuitiva e conveniente.

Um método acessível, seguro e protegido de controlar e monitorizar dispositivos eléctricos, tanto no interior como no exterior, pode ser alcançado utilizando um módulo ESP e um sistema de vigilância automática de controlo remoto por Wi-Fi/LoRa sugerido por Augustin et al(2016). Os dispositivos IoT podem reduzir o consumo de eletricidade em áreas remotas com a utilização de LoRa e de servidores de rede. As gateways LoRa podem ser utilizadas para enviar dados de sensores para estações de controlo principais. Quando os sinais passam pelos gateways, são encaminhados através do servidor de rede do utilizador para o utilizador final e vice-versa. Cada gateway utiliza um backhaul, como o telemóvel, Ethernet, que é satélite, ou Wi-Fi, para enviar o pacote que recebe do nó final para o servidor de rede baseado na nuvem. O layout atualizado oferecerá a opção de utilizar um portal baseado na Web ou móvel para monitorização e controlo manuais. Além disso, pode ser conveniente que o utilizador final comunique o mau funcionamento dos dispositivos às autoridades competentes através de sensores, para que estas possam resolver prontamente o problema.

Rahul Panda et al. (2019)[7] afirmam que, à medida que as estradas e a população crescem em paralelo, há mais luzes de rua para a segurança do tráfego e dos peões, o que faz aumentar os custos de energia e de investimento. O consumo de energia para a iluminação é suficiente, tanto no interior como no exterior. Para atualizar os sistemas com a mais recente tecnologia e torná-los mais eficientes do ponto de vista energético, estão a ser lançadas muitas estratégias. A IoT tem vindo a expandir-se numa série de aplicações ao longo dos últimos anos e, à medida que a necessidade de iluminação pública inteligente se desenvolve, surge uma oportunidade criativa. A criação de um sistema de iluminação pública inteligente é a tarefa proposta. O melhor e mais preciso controlo de um sistema de iluminação pública energeticamente eficiente é proporcionado por esta investigação. Este fornece um exemplo útil da utilização de sensores e de um microcontrolador Arduino para recolher dados através da tecnologia de longo alcance (LoRa). A tecnologia LoRa Low Power Wide Area Network (LP-WAN), que combina caraterísticas de baixa potência e de longo alcance, é utilizada para realizar o componente de comunicação.
O trabalho sugerido por Sravani et al. (2021)[8] centrava-se na proteção da energia, um desses recursos. Uma das principais perdas de energia é a eletricidade. Com a utilização da IdC, as luzes de rua podem ser ligadas ou desligadas automaticamente, dependendo das condições meteorológicas e do seu funcionamento. Quando o ambiente muda, o sensor LDR detecta-o e liga ou desliga as luzes da rua automaticamente. O sensor LDR detecta quando uma luz de rua está avariada ou não se liga à noite e notifica a pessoa designada do problema, juntamente com a localização exacta do dano. Reduz a necessidade de mão de obra humana e atrasa a resolução de problemas. Quando um candeeiro de rua está danificado, a localização exacta é determinada pelo sistema de controlo automático do candeeiro de rua. Além disso, todos os candeeiros de rua nas zonas rurais podem utilizar este sistema. Com base na data de validade da lâmpada, os candeeiros danificados são pré-identificados.

Para minimizar o desperdício de energia, é necessário monitorizar e regular o consumo de energia resultante da iluminação pública. Por serem alimentados pelo gerador do quadro elétrico e operados manualmente, os sistemas convencionais de iluminação pública têm algumas desvantagens. Se não forem geridos de forma adequada, podem resultar num aumento do consumo de energia. Um controlador automático de iluminação pública baseado numa rede de sensores sem fios (RSSF) é implementado no estudo de Dhiraj et al. (2017)[9]. O nó da RSSF é constituído pelo poste de iluminação pública. Para identificar o tráfego na estrada, utiliza um Arduino-Uno e uma série de sensores. Na estação de base central, um computador Raspberry Pi3 serve de servidor Web para registar o estado dos candeeiros de rua. Só à noite e quando há trânsito é que as luzes se acendem de acordo com os sinais dos sensores. As linguagens de programação HTML e PHP são utilizadas para criar uma página Web que permite o controlo online das luzes de rua e o carregamento dos dados dos sensores. Cada nó utiliza células solares para fornecer eletricidade às luzes de rua.

O principal objetivo da investigação de Rana et al. (2019) é fornecer um sistema que permita a iluminação pública autónoma e a transferência de dados das luzes com base na Internet. Com este sistema inteligente de iluminação pública, as luzes podem ser programadas para se ligarem e desligarem automaticamente com base nas condições exteriores. Para detetar o ambiente circundante, é utilizado um sensor dependente da luz, bem como um sensor de humidade e temperatura. Se a quantidade de luz na área circundante diminuir ou aumentar acima de uma temperatura pré-determinada, o sistema de iluminação pública liga-se e desliga-se. A fim de alterar a cor da rua para melhorar a visibilidade em determinadas condições meteorológicas, são utilizados sensores de humidade e de temperatura para medir a temperatura e a humidade do ar circundante. Os painéis solares ou outra fonte de energia artificial podem alimentar todo o sistema.

O estudo de Fouad et al. (2023) preenche uma lacuna na literatura ao fornecer uma análise exaustiva das técnicas de controlo do sistema de iluminação pública inteligente. Distingue-se por apresentar uma nova estrutura de iniciativa de luz que oferece uma categorização organizada de diferentes padrões de controlo de luz. Em contraste com investigações anteriores, este trabalho avalia o consumo de energia de várias abordagens, ao mesmo tempo que aprofunda os meandros de artigos e metodologias de investigação específicos, abrangendo desde técnicas de controlo fundamentais a sofisticadas, como a visão computacional e a aprendizagem profunda.

O artigo alarga ainda mais a questão, investigando utilizações alternativas para as lâmpadas, como redes de comunicação, monitorização ambiental e estações de carregamento para veículos eléctricos. O objetivo deste estudo multidisciplinar é estabelecer as bases para futuras inovações e soluções sustentáveis de iluminação urbana, servindo como um recurso vital para académicos e profissionais da área.

Capítulo 4

CONCEPÇÃO DO SISTEMA

O sistema existente não inclui sensores e controlador, pelo que consome mais energia e é difícil de manusear. A resolução de problemas é difícil. Assim, o objetivo deste projeto é conceber e desenvolver um sistema autónomo de gestão de iluminação pública utilizando o módulo Lora Wifi para melhorar o manuseamento da eletricidade, a deteção de problemas e o controlo.

Neste projeto, o módulo LoRa actuará como transmissor e recetor no lado do servidor e no lado do cliente. O controlador principal é utilizado no lado do transmissor e do recetor. O LDR e o transformador de corrente estão ligados à placa de controlo que monitoriza continuamente o estado da luz e o transmite ao servidor. O servidor actualiza os dados no sítio Web. Este sítio Web permite o acesso do utilizador à monitorização e ao controlo. Com a interface humana, o utilizador pode manusear o sistema.

LoRa (Long Range) é uma tecnologia de comunicação sem fios que permite a comunicação a longa distância entre dispositivos. Atualmente, está a ser utilizada em sistemas de monitorização de iluminação pública para detetar cintilação, possibilidade de falha da lâmpada, curto-circuito e circuito aberto. Esta tecnologia revolucionou a forma como a iluminação pública é monitorizada, tornando-a mais eficiente e económica.

Um dos problemas mais comuns dos sistemas tradicionais de iluminação pública é a cintilação. As luzes intermitentes não só causam incómodo às pessoas, como também indicam um potencial problema. Com a monitorização de iluminação pública baseada em LoRa, são colocados sensores em cada luz de rua para detetar a cintilação. Esses sensores são equipados com algoritmos que podem diferenciar entre flutuações normais de tensão e cintilação real. Isto permite que as autoridades tomem medidas atempadas e evitem quaisquer perigos potenciais. Outro grande problema que os sistemas de iluminação pública enfrentam é a possibilidade de falha das lâmpadas. Nos sistemas tradicionais, pode ser difícil detetar qual lâmpada falhou, levando a atrasos nos reparos e aumento dos custos de manutenção. O monitoramento de iluminação pública baseado em LoRa resolve esse problema fornecendo informações em tempo real sobre o status de cada lâmpada. Isso permite que as autoridades identifiquem e substituam rapidamente a lâmpada defeituosa, garantindo que a rua permaneça bem iluminada e segura para o público.

Os curtos-circuitos e os circuitos abertos são também problemas comuns nos candeeiros de rua. Esses problemas podem levar a quedas de energia, tornando as ruas escuras e inseguras. Com o monitoramento de iluminação pública baseado em LoRa, os sensores são colocados na fonte de alimentação principal e nas lâmpadas individuais. Estes sensores monitorizam continuamente o fluxo de eletricidade e podem detetar quaisquer anomalias, como curtos-circuitos ou circuitos abertos. Isso permite que as autoridades tomem medidas imediatas e evitem quaisquer riscos potenciais. Além disso, os sistemas de monitorização de iluminação pública baseados em LoRa também têm a capacidade de recolher e analisar dados. Esses dados podem ser usados para identificar padrões e tendências, permitindo que as autoridades tomem decisões informadas sobre manutenção e reparos. Isso não apenas economiza tempo e recursos, mas também garante que as luzes da rua estejam funcionando em seu nível ideal.

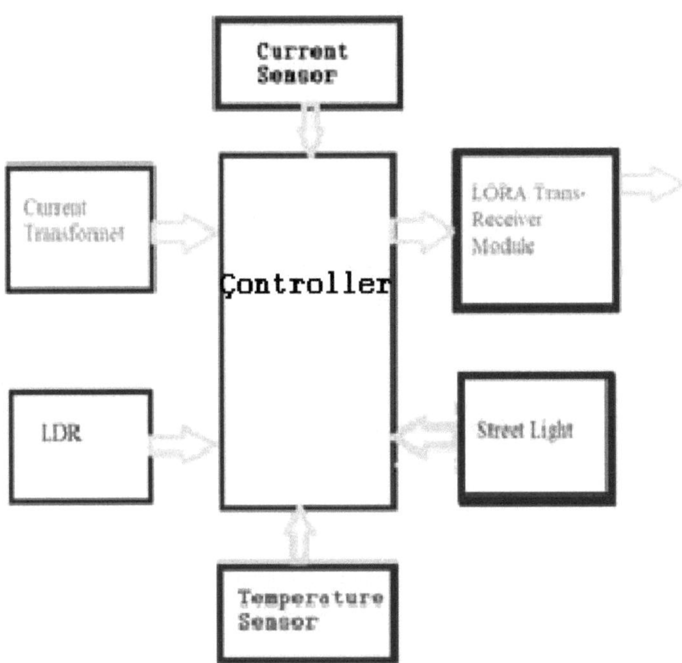

Figura 4.1- Modelo de transmissor proposto

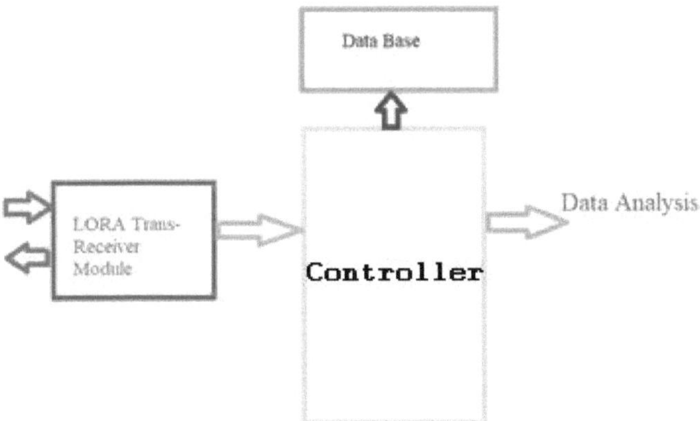

Figura 4.2- Modelo de recetor proposto

Além disso, os sistemas de monitorização da iluminação pública baseados em LoRa também estão equipados com capacidades de controlo remoto. Isto significa que as autoridades podem desligar ou diminuir as luzes remotamente em determinadas áreas onde não são necessárias, poupando energia e reduzindo os custos de eletricidade. Em caso de emergências ou eventos especiais, as luzes também podem ser ligadas ou desligadas remotamente, proporcionando flexibilidade e conveniência.

O monitoramento de iluminação pública baseado em LoRa trouxe melhorias significativas na forma como as luzes da rua são gerenciadas. Com a sua capacidade de detetar cintilação, possibilidade de falha da lâmpada, curto-circuitos e circuitos abertos, tornou o processo de monitorização e manutenção das luzes de rua mais eficiente e económico. Os dados em tempo real e as capacidades de controlo remoto contribuem ainda mais para a sua eficácia. Trata-se de uma solução inteligente e sustentável que não só garante a segurança e a proteção das nossas cidades, como também ajuda a conservar energia e a reduzir custos.

Para o módulo proposto para a monitorização da iluminação pública com base no LORA, a Figura 4.1 mostra o módulo proposto para o transmissor e a Figura 4.2 mostra o módulo do recetor. Na Figura 4.1, o sensor de corrente detecta a corrente através da lâmpada. É útil para verificar se há cintilação, circuito aberto ou curto-circuito. O desvio da corrente é um fator importante para a nossa análise. Também a Figura 2 mostra o sensor de temperatura, que é utilizado para medir a temperatura da lâmpada. A temperatura indica o estado da lâmpada. Mostra também o estado ON/OFF da lâmpada.

4.1 Conceção do sistema de hardware

O LDR detecta o dia e a noite e sinaliza o controlador (Arduino) em conformidade. As lâmpadas acender-se-ão se o controlador ligar o relé durante a noite. Com a luz acesa, o Transformador de Corrente-CT detecta a corrente que passa pela fase e fornece a informação ao controlador. O controlador recebe um sinal LDR e desliga as lâmpadas durante o dia. O controlador transmite a informação sobre a utilização da iluminação, dia/noite e horas de ligar/desligar. O dispositivo servidor recebe estes dados através do transmissor e recetor LORA. Os dados são entregues/analisados a cada 10 segundos quando a lâmpada está acesa. O transmissor e o recetor LoRa são utilizados para transmitir e receber o sinal através do controlador. E o servidor recebe esta informação. O Python é utilizado no processamento de dados. A Tabela 1 mostra que a informação registada pelo sistema proposto depende da informação do LDR e, dependendo da informação, o controlador analisa a mesma em relação a cintilação, curto-circuito, circuito aberto e falha da lâmpada.

4.1.1 Arduino Nano-

O Arduino-Nano é uma placa de microcontrolador de código aberto, compatível com breadboard, criada pelo Arduino.cc e lançada inicialmente em 2008. Um microcontrolador (MCU) Microchip ATmega328P serve de base. Tem as mesmas caraterísticas e interfaces que a placa Arduino-Uno, mas num fator de tamanho mais compacto[1].

O Arduino é uma família de placas de microcontroladores electrónicos de código aberto que podem ser facilmente programadas para compreender e interagir com o ambiente. O Arduino tornou-se o padrão de facto para a criação de projectos eléctricos ao longo dos anos. O Arduino tem sido utilizado para fazer funcionar microssatélites no espaço e para gerir pequenos submersíveis robóticos no fundo do oceano. O Arduino-Nano tem trinta pinos de E/S numa disposição semelhante à do DIP-30. Estes cabeçalhos podem ser programados através do Arduino-Software Integrated-Development-Environment (IDE), que está disponível para todas as placas Arduino. A placa é alimentada por uma bateria de 9 V ou por uma ligação mini-USB tipo B.

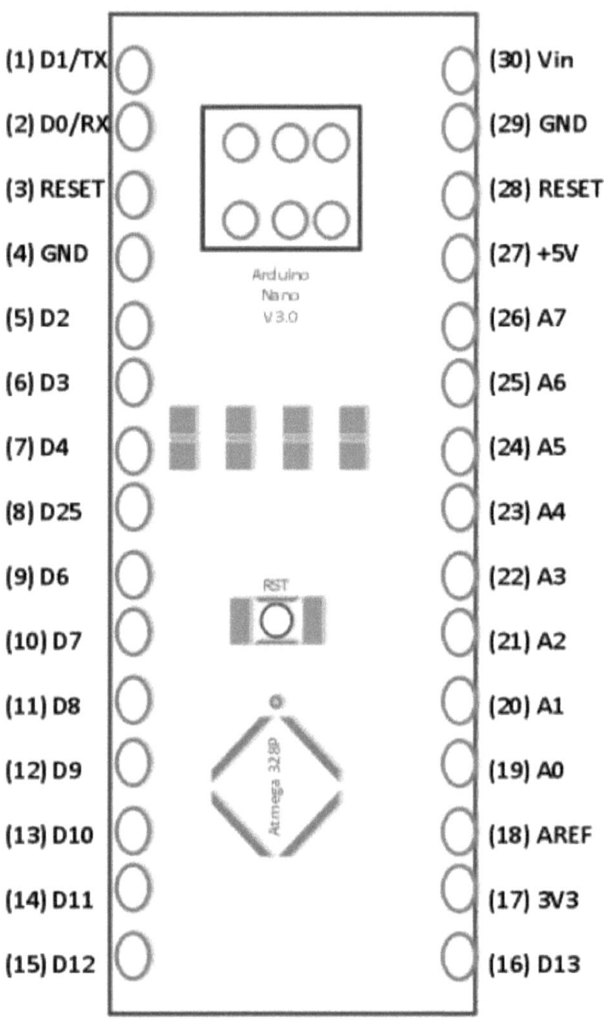

Figura 4.3- Conectorização Arduino-Nano

Especificações técnicas-

- ATmega328P Microcontroller is from 8-bit AVR family
- Operating voltage is 5V
- Input voltage (Vin) is 7V to 12V
- Input/Output Pins are 22
- Analog i/p pins are 6 from A0 to A5
- Digital pins are 14
- Power consumption is 19 mA
- I/O pins DC Current is 40 mA
- Flash memory is 32 KB
- SRAM is 2 KB
- EEPROM is 1 KB
- CLK speed is 16 MHz
- Weight-7g
- Size of the printed circuit board is 18 X 45mm
- Supports three communications like SPI, IIC, & USART

Os pinos que são designados como pinos de alimentação são Vin, 3,3V, 5V e GND. Vin, a tensão de entrada da placa, é utilizada quando é utilizada uma fonte de alimentação externa entre 7 e 12 volts.

A tensão de alimentação regulada da placa nano, que é de 5V, é utilizada para fornecer energia à placa e aos seus componentes.

O regulador de tensão no interior da placa produz um valor mínimo de 3,3V.

GND é o pino de terra da placa.

Outros pinos Descrição é-

Pino RST (Reset): O microcontrolador pode ser reiniciado utilizando este pino.

Pinos I/O (Pinos digitais de D0 - D13): Os pinos servem como pinos I/P ou O/P e obtêm uma gama de 0V e 5V

Pinos de série (Tx, Rx): Estes pinos são utilizados para enviar e adquirir dados de série TTL.

Pinos analógicos (A0-A7): Estes pinos são utilizados para calcular a tensão analógica da placa dentro do intervalo de 0V a 5V.

Interrupções externas (2, 3): Uma interrupção pode ser iniciada através destes pinos.

PWM (3, 5, 6, 9, 11): Podem ser produzidos oito bits de saída PWM utilizando estas portas.

SPI (10, 11, 12, & 13): A comunicação SPI é suportada através destes pinos.

LED incorporado (13): O LED é ligado através deste pino.

IIC (A4, A5): A comunicação TWI é suportada por estes pinos.

AREF: A tensão de referência da tensão de entrada é fornecida através deste pino.

Um chip Arduino Nano pode comunicar através de uma variedade de meios, tais como microcontroladores, computadores ou mesmo placas Arduino adicionais. A conetividade em série (UART TTL) é fornecida pelo microcontrolador ATmega328 incluído nas placas Nano. TX e RX são exemplos de pinos digitais onde isso é acessível. Um monitor de série faz parte do software Arduino, o que simplifica o envio e a receção de dados de texto a partir da placa. Sempre que os dados são transmitidos para o computador através da ligação FTDI e USB, os LEDs TX e RX localizados na placa Nano acendem-se. Qualquer um dos pinos digitais da placa pode ser utilizado para comunicação em série graças ao Software Serial, semelhante a uma biblioteca. A comunicação SPI e I2C (TWI) também é suportada pelo microcontrolador.

O software Arduino pode ser utilizado para programar um Arduino mini. Escolha a placa nano clicando na opção Ferramentas. O microcontrolador ATmega328 da placa Nano está pré-programado através de um carregador de arranque. É possível carregar novo código utilizando este gestor de arranque sem utilizar um programador de hardware externo. Para o efeito, pode ser utilizado o protocolo STK500. Neste caso, o gestor de arranque também pode ser omitido e o programa do microcontrolador pode ser executado através do cabeçalho ISP do Arduino para programação em série no circuito, ou ICSP.

4.1.2 LoRa- *Comunicação* via rádio de baixo alcance-

A comunicação por rádio de "longo alcance", ou LoRa, é um método físico de comunicação por rádio proprietário.[1] A tecnologia Chirp spread spectrum (CSS) é a base de suas técnicas de modulação de espetro espalhado.[2] Foi criada em 2014 e concedida uma patente pela Cycleo, sediada em Grenoble, França.[3] A Semtech acabou comprando a Cycleo. Na Índia, a LoRa opera nos canais de radiofrequência IN865 (865-867 MHz) sub-gigahertz sem licença. Uma das tecnologias de rede de sensores sem fio de baixa potência mais usadas para a Internet das Coisas é a LoRa, que fornece comunicação de longo alcance a taxas de dados mais baixas do que outras tecnologias como Bluetooth ou Zigbee. Semelhante e derivada da modulação chirp spread spectrum (CSS), a LoRa usa uma modulação patenteada de espalhamento espetral. Ao longo da faixa de freqüência, um chirp cíclico deslocado representa cada símbolo (f-B/2, f+B/2) onde f-freqüência central e B-largura de banda do sinal em Hz. A taxa de símbolos é -

$$Rt= B/2^{(SF} \qquad \text{--------(1)}$$

Onde SF- fator de dispersão.

Um módulo LoRa é um dispositivo que utiliza a tecnologia LoRa, uma técnica de comunicação sem fios que permite a transmissão de dados a longas distâncias utilizando ondas de rádio de baixa potência, para facilitar a comunicação entre dois ou mais dispositivos.

Os módulos LoRa, que combinam a ligação WiFi com a tecnologia de longo alcance (LORA), mudaram completamente o mercado das comunicações sem fios. Estes módulos adaptáveis, como o SX1278, LoRa Ra-01 e LoRa Ra-02, são perfeitos para aplicações IoT devido ao seu grande alcance e baixo consumo de energia. São propostos pela ADIY (marca Made in India).

Os nossos módulos LoRa permitem que os dispositivos transfiram dados a grandes distâncias, mesmo em circunstâncias difíceis, através de uma integração perfeita com as redes WiFi actuais. Estes módulos LoRa permitem que os programadores e amadores construam soluções de ponta para a agricultura inteligente, o rastreio de bens, a monitorização ambiental e muito mais, devido ao seu pequeno tamanho, simplicidade de utilização e ampla compatibilidade.

Este tipo de comunicação sem fios reduz o consumo de corrente, aumenta a segurança, aumenta a resistência às interferências e permite uma maior largura de banda. Este módulo funciona a 433MHz e utiliza o IC SX1278. A gama de frequências coberta pelo salto de frequência, que lhe proporciona a combinação perfeita de transmissão de sinal de alta qualidade, é de 420-450MHz. Com a ajuda de uma antena de mola, esta capacidade sem fios de longo alcance é fornecida num recipiente compacto (17 x 16 mm). Podemos evitar comprometer o uso de energia, a imunidade a interferências ou o equilíbrio de alcance ao usar o LoRa Ra-01. A tecnologia deste CI torna-o ideal para aplicações que necessitam de força e alcance.

Figura 4.4- Módulo LoRa

Caraterísticas

Comunicação por espetro alargado com LoRaTM

Transmissão SPI semi-duplex

A taxa de bits máxima programável é de 300 kbps com uma gama de ondas RSSI de 127 dB.

Especificações

433MHz é a norma sem fios.

Gama de frequências: 420-450 MHz

Porta SPI/GPIO

Gama de tensões para funcionamento: 1,8-3,7V, predefinição: 3,3V

Utilizando a corrente, foi recebido menos de 10,8 mA (LnaBoost fechado, Banda 1)

Menos de 120mA (+20dBm) para a caixa de velocidades, 0,2uA para os modelos de suspensão

4.1.3 Transformador do sensor de corrente-

O sensor de corrente AC ZMCT103C torna-se adequado para utilização em aplicações industriais e projectos "faça você mesmo" onde é necessária uma medição precisa da corrente AC utilizando um transformador de corrente. Esta é uma excelente opção para medir a corrente AC utilizando uma plataforma de código aberto como o Arduino, ESP8266 ou Raspberry Pi. Um engenheiro trabalha diretamente com medições em numerosas tarefas eléctricas, e estas devem cumprir alguns requisitos básicos, incluindo

isolamento galvânico elevado

alta precisão

Excelente regularidade

Este microtransformador de corrente tem um elevado grau de precisão. A monitorização da corrente de rede AC até 5 amperes é simplificada com este módulo. O ZMCT103 é um transformador de corrente montado em PCB com dimensões de 28 x 12 x 15 mm (CxLxA) com uma relação de espiras de 1000:1.

Figura 4.5- Transformador de corrente

ZMCT103 é um transformador de corrente com extrema precisão. A corrente de rede AC até 5A pode ser facilmente monitorizada com este módulo. Algo tão pequeno como um cubo de caldo de carne. tem uma relação de rotação de 1000:1 e pode suportar até 4,5kV de tensão de rutura. O seu transformador de corrente tem uma capacidade de 5A:5mA.

Caraterísticas dos transformadores de corrente de micro precisão ZMCT103

preço mais baixo

tamanho mais pequeno (18,3 mm x 17 mm) e peso mais leve

Montagem de PCB mais fácil

Consistência nobre

Amplamente aclamado

Transformador de corrente ZMCT103 e ligação ***Arduino***

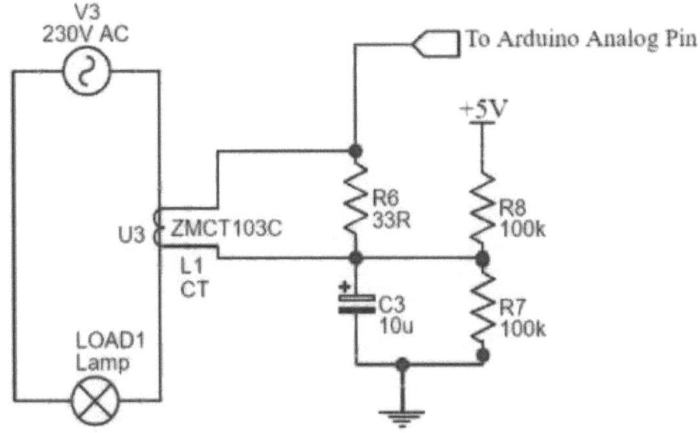

Figura 4.6- Ligação entre o Arduino e o Transformador de Corrente

Em muitas aplicações, o ZMCT103C também é conhecido como um sensor de transformador de corrente AC com corrente de alta precisão que pode monitorar e medir correntes de até 5 amperes. Podemos monitorar prontamente a tensão CA de saída proporcional à corrente que flui através do fio (que passa pelo orifício do IC ZMCT103C) conectando este módulo a um microcontrolador ou Arduino UNO. Vamos agora explorar como conectar a placa Arduino UNO ao módulo ZMCT103C. Na Figura 4.7, o diagrama de interface é exibido.

O pino VCC(+5V) do módulo ZMCT103C está ligado ao pino 5V do Arduino UNO, como mostra a imagem. Agora encurte os dois pinos de terra do módulo e ligue-os ao pino GND do Arduino UNO. Ligar o pino de sinal analógico do Arduino UNO ao pino AO para visualizar o sinal de saída do módulo. Coloque o fio de sinal através do orifício do módulo ZMCT103C para medir a corrente de saída. Abra o monitor de série depois de carregar o código Arduino para ver a saída em várias gamas de tensão.

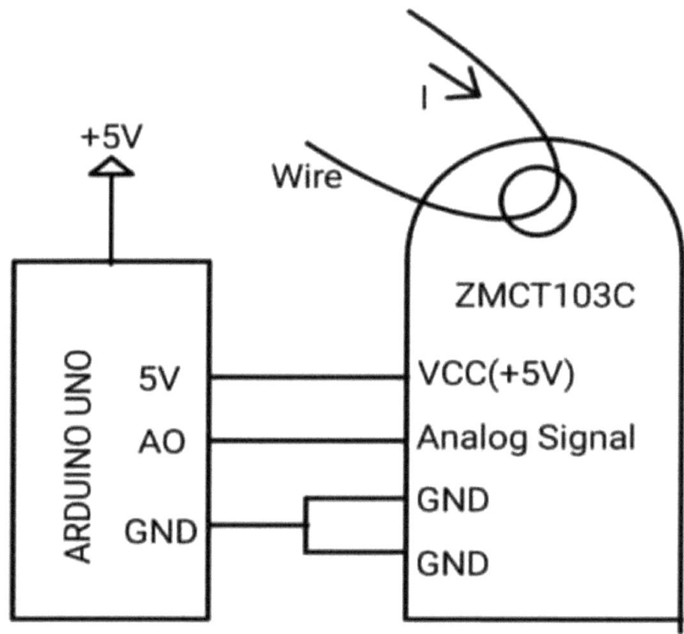

Figura 4.7 - Ligação do Arduino Uno com o ZMCT103C

4.1.4 Módulo do sensor de tensão CA (ZMPT101B)-

Um sensor de tensão popular para medir tensões de corrente alternada (CA) em projectos de eletrónica é o ZMPT101B. É um módulo pequeno e de fácil acesso que oferece um método simples de monitorizar tensões CA numa variedade de projectos. Conceito de funcionamento: Os princípios de transformação e divisão de tensão são a base para o funcionamento do sensor de tensão ZMPT101B. Normalmente, a gama de tensão de saída é reduzida para um valor mais controlável, como 0-3,3V ou 0-5V, para garantir a compatibilidade com sistemas electrónicos amplamente utilizados.

Figura 4.8 - Configuração dos pinos do sensor de tensão

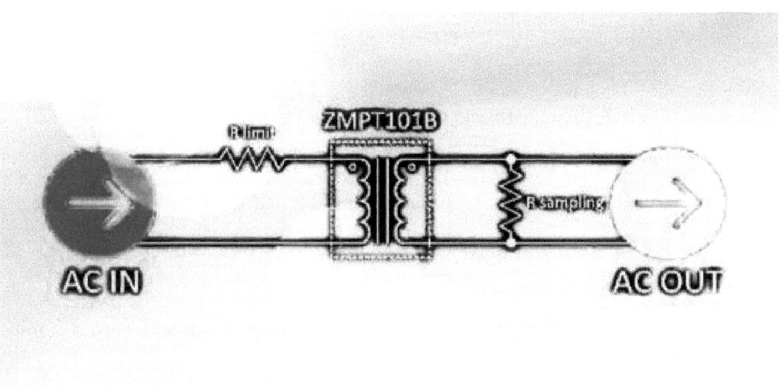

Figura 4.9 - Esquema de ligação do sensor de tensão

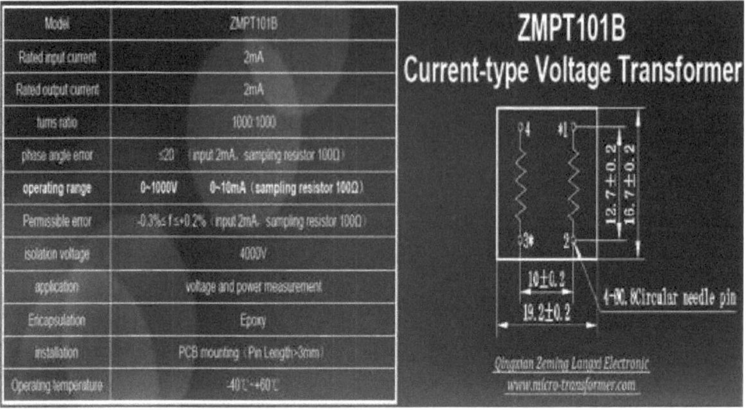

Model	ZMPT101B
Rated input current	2mA
Rated output current	2mA
turns ratio	1000:1000
phase angle error	≤20 (input 2mA, sampling resistor 100Ω)
operating range	0~1000V 0~10mA (sampling resistor 100Ω)
Permissible error	-0.3%≤f≤+0.2% (input 2mA, sampling resistor 100Ω)
isolation voltage	4000V
application	voltage and power measurement
Encapsulation	Epoxy
installation	PCB mounting (Pin Length>3mm)
Operating temperature	-40℃~+60℃

Figura 4.10- Especificações do sensor de tensão

4.1.5 Relé-

A ideia de funcionamento de um módulo de relé é, na verdade, muito simples. Abre e fecha um grupo de contactos eléctricos através de um eletroíman.

Para sua conveniência, eis a ordem de funcionamento dos dispositivos do módulo relé:

- Três ou quatro pinos de ligação em ponte no lado da entrada e três terminais de parafuso no lado da saída são os pontos de ligação padrão do módulo de relé.
- O eletroíman é ativado e uma armadura é puxada sempre que o sinal de controlo é aplicado ao lado de entrada do relé.
- Como resultado, os contactos do interrutor no lado da saída (alta tensão) fecham-se, permitindo a passagem de corrente e fornecendo energia ao sistema ou dispositivo ligado.
- Um diodo é frequentemente posicionado em paralelo com a bobina magnética para evitar que a tensão de flyback danifique o circuito do módulo relé e o dispositivo de entrada. Este tipo de diodo é chamado de diodo flyback. Ele permite apenas uma direção de fluxo de corrente.
- Um optoacoplador é utilizado quando é necessário um maior grau de isolamento. O sensor fotoelétrico no lado da extremidade de entrada de um módulo de relé opto-isolado regula a atividade de comutação do eletroíman.

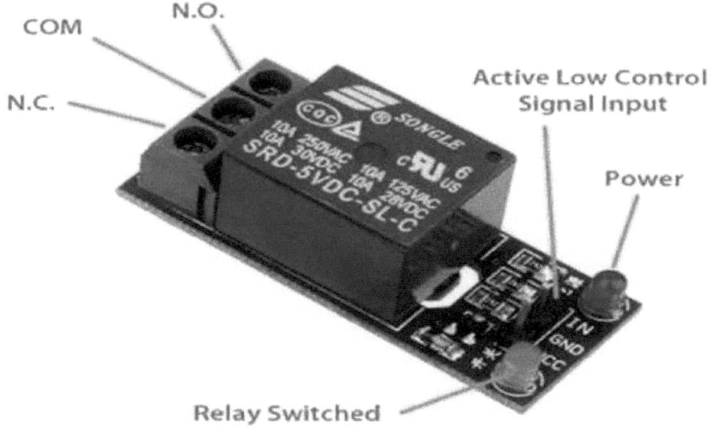

Figura 4.11- Módulo relé com ligação

Os módulos de relé podem ter os seus interruptores normalmente fechados (NC) ou normalmente abertos (NO).
Em contraste, um interrutor de relé NC permanece fechado por padrão e só abre quando o relé é acionado. Um interrutor NA abre se o eletroíman não estiver energizado e fecha quando estiver.

4.1.6- Módulo LDR-

O Módulo Sensor LDR serve para medir a intensidade da luz e identificar a sua existência. Quando há luz, a saída do módulo aumenta, e quando não há luz, diminui. Os potenciómetros são utilizados para modificar a sensibilidade de deteção do sinal. A luminosidade ambiente e a intensidade da luz são normalmente detectadas utilizando um módulo de resistência fotossensível, que é muito sensível à luz no ambiente circundante.

- Quando a intensidade da luz ambiente externa ultrapassa um limiar pré-determinado, a saída do módulo D0 fica baixa; quando as condições de luz do módulo ou a intensidade da luz se aproximam do limiar especificado, a saída da porta DO fica alta;

- saída digital D0 que está diretamente ligada à MCU e pode monitorizar alterações na intensidade da luz ambiente através da deteção de TTL alto ou baixo;
- Um interruptor fotoelétrico pode ser o componente do módulo de relé, que pode ser acionado diretamente pelo módulo de saída digital DO;
- Módulo para saída analógica Ao ligar os módulos AO e AD através do conversor AD, pode obter uma medição mais precisa da intensidade luminosa.

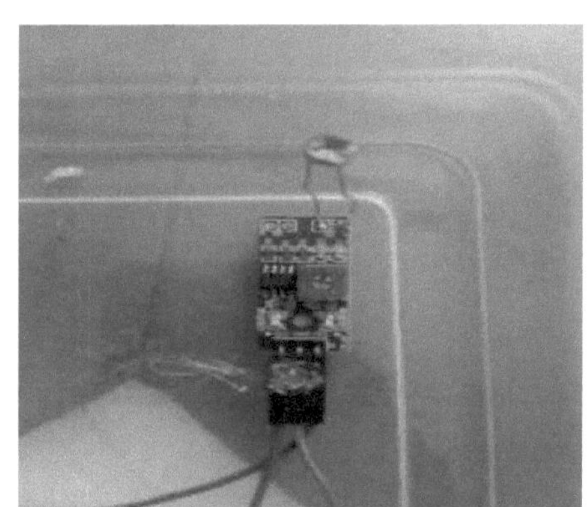

Figura 4.12 - Módulo LDR

Capítulo 5
METODOLOGIA IMPLEMENTADA

LoRa (Long Range) é uma tecnologia de comunicação sem fios que permite a comunicação a longa distância entre dispositivos. Atualmente, está a ser utilizada em sistemas de monitorização de iluminação pública para detetar cintilação, possibilidade de falha da lâmpada, curto-circuito e circuito aberto. Esta tecnologia revolucionou a forma como a iluminação pública é monitorizada, tornando-a mais eficiente e económica.

Um dos problemas mais comuns dos sistemas tradicionais de iluminação pública é a cintilação. As luzes intermitentes não só causam incómodo às pessoas, como também indicam um potencial problema. Com a monitorização de iluminação pública baseada em LoRa, são colocados sensores em cada luz de rua para detetar a cintilação. Esses sensores são equipados com algoritmos que podem diferenciar entre flutuações normais de tensão e cintilação real. Isto permite que as autoridades tomem medidas atempadas e evitem quaisquer perigos potenciais. Outro grande problema que os sistemas de iluminação pública enfrentam é a possibilidade de falha das lâmpadas. Nos sistemas tradicionais, pode ser difícil detetar qual lâmpada falhou, levando a atrasos nos reparos e aumento dos custos de manutenção. O monitoramento de iluminação pública baseado em LoRa resolve esse problema fornecendo informações em tempo real sobre o status de cada lâmpada. Isso permite que as autoridades identifiquem e substituam rapidamente a lâmpada defeituosa, garantindo que a rua permaneça bem iluminada e segura para o público[46].

Os curtos-circuitos e os circuitos abertos são também problemas comuns nos candeeiros de rua. Esses problemas podem levar a quedas de energia, tornando as ruas escuras e inseguras. Com a monitorização da iluminação pública baseada na tecnologia LoRa, são colocados sensores na fonte de alimentação principal e nas lâmpadas individuais[47]. Estes sensores monitorizam continuamente o fluxo de eletricidade e podem detetar quaisquer anomalias, como curtos-circuitos ou circuitos abertos. Isto permite que as autoridades tomem medidas imediatas e previnam quaisquer riscos potenciais. Além disso, os sistemas de monitorização da iluminação pública baseados

em LoRa também têm a capacidade de recolher e analisar dados. Esses dados podem ser usados para identificar padrões e tendências, permitindo que as autoridades tomem decisões informadas sobre manutenção e reparos. Isto não só poupa tempo e recursos, mas também garante que as luzes da rua estão a funcionar no seu nível ótimo[48,49].
O objetivo deste projeto é monitorizar remotamente as luzes da rua. Este projeto é composto por três partes:

1. Módulo transmissor
2. Módulo de Receptores
3. Do lado do cliente

Além disso, os sistemas de monitorização da iluminação pública baseados em LoRa também estão equipados com capacidades de controlo remoto. Isto significa que as autoridades podem desligar ou diminuir as luzes remotamente em certas áreas onde não são necessárias, poupando energia e reduzindo os custos de eletricidade. Em caso de emergências ou eventos especiais, as luzes também podem ser ligadas ou desligadas remotamente, proporcionando flexibilidade e conveniência[51-53].

O monitoramento de iluminação pública baseado em LoRa trouxe melhorias significativas na forma como as luzes da rua são gerenciadas. Com a sua capacidade de detetar cintilação, possibilidade de falha da lâmpada, curto-circuitos e circuitos abertos, tornou o processo de monitorização e manutenção das luzes de rua mais eficiente e económico. Os dados em tempo real e as capacidades de controlo remoto contribuem ainda mais para a sua eficácia. Trata-se de uma solução inteligente e sustentável que não só garante a segurança e a proteção das nossas cidades, como também ajuda a conservar energia e a reduzir custos.

Para o módulo proposto para a monitorização da iluminação pública com base no LORA, a Figura 5.1 mostra o módulo proposto para o transmissor e a Figura 5.2 mostra o módulo do recetor. Na Figura 5.1, o sensor de corrente detecta a corrente através da lâmpada. É útil para verificar se há cintilação, circuito aberto ou curto-circuito. O desvio na corrente é um fator importante para a nossa análise. Também a Figura 2 mostra o sensor de temperatura, que é utilizado para medir a temperatura da lâmpada. A temperatura indica o estado da lâmpada. Mostra também o estado ON/OFF da lâmpada.

5.1 Módulo transmissor-

A tecnologia LoRa (Long Range) está a revolucionar a infraestrutura das cidades inteligentes, particularmente no domínio da iluminação pública. Os sistemas de controlo de iluminação pública baseados em LoRa oferecem várias vantagens, incluindo monitorização remota, eficiência energética e deteção de falhas. O módulo transmissor desempenha um papel crucial neste sistema, transmitindo dados das luzes de rua para o controlador central.

O módulo transmissor é normalmente composto por um microcontrolador, um transcetor LoRa e uma antena. O microcontrolador coleta dados de sensores (por exemplo, consumo de energia, intensidade de luz) e os processa. O transcetor LoRa modula então os dados num sinal LoRa e transmite-os através da antena. A tecnologia LoRa permite uma comunicação de longo alcance e baixo consumo de energia, tornando-a adequada para aplicações ao ar livre, onde a linha de visão nem sempre está disponível.

O módulo transmissor é um componente indispensável de um sistema de controlo de iluminação pública baseado em LoRa. O seu alcance alargado, baixo consumo de energia e capacidades de encriptação de dados fazem dele a solução ideal para gerir a infraestrutura de iluminação pública de forma eficiente e eficaz. Ao aproveitar o poder da tecnologia LoRa, as cidades podem aumentar a segurança pública, reduzir os custos de energia e melhorar os serviços gerais de iluminação pública.

Existem dois candeeiros de rua LED de 36 watts em funcionamento. A tensão é detectada através de um único sensor de tensão AC, ZMPT101B. O fluxo de corrente nos dois candeeiros de rua é detectado por dois sensores de corrente. A alimentação de 5V DC alimenta os sensores de tensão e de corrente.

- O controlador do módulo transmissor de luz de rua é um Arduino Nano. Com uma fonte de 5V DC, ele funciona.
- O pino analógico A0 está ligado ao PT (Transformador Potencial).
- Os pinos analógicos A1 e A2 estão ligados ao TC (Transformador de corrente). O Arduino Nano calcula a potência através da leitura dos valores RMS da tensão e da corrente.
- Estão a ser utilizados dois módulos LDR.

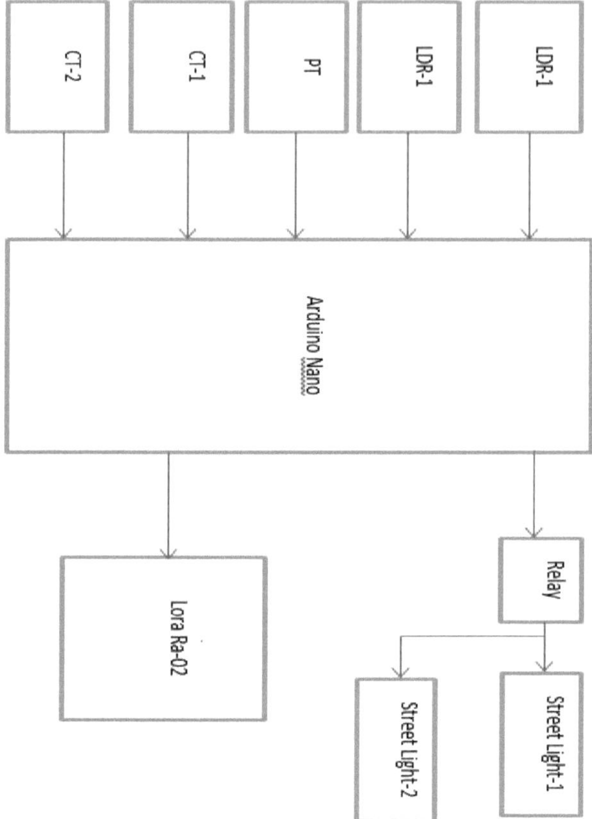

Figura 5.1 - Modelo de emissor proposto

Para a deteção diurna e nocturna, é utilizado um único LDR. A luz da rua apagar-se-á durante o dia e as luzes da rua acender-se-ão à noite. O LDR usa a luz que o atinge para determinar o dia e a noite porque a resistência à luz do LDR varia. O LDR tem uma resistência BAIXA durante o dia e uma resistência ALTA durante a noite.

Para identificar a cintilação de uma luz de rua, é utilizado um segundo LDR. Se a luz da rua estiver a piscar constantemente, o LED emitirá níveis altos e baixos. Isto indica que a luz da rua está a piscar. Se a luz estiver sempre acesa, então tudo está a funcionar normalmente. Os candeeiros de rua começam a desvanecer-se quando se deterioram.para detetar a utilização deste segundo LDR.

A obtenção de uma leitura com corrente zero é crucial para a medição da corrente. É utilizada uma média de 10 leituras para calcular a contagem de leituras quando o sistema está definido para zero. Esta média é considerada como o valor zero atual e a contagem de corrente ativa é reduzida por este valor. Este método é utilizado para reduzir o erro de leitura.

Tabela 1 - Ligação de pinos do Arduino Nano para o lado da transmissão

Sr. No.	Arduino Nano Pin	Interface device /device pin
1	A0	PT
2	A1	CT 1
3	A2	CT 2
4	D7	LDR-1
5	D5	LDR-2
6	D6	Relay
7	D2	DIO0-LORA
8	D9	RST-LORA
9	D10	NSS-LORA
10	D11	MOSI-LORA
11	D12	MISO-LORA
12	D13	SCK-LORA

O Arduino verifica o estado do LDR 1 após esta definição de zero. Quando a saída do LED 1 é alta, indica que é noite e a luz da rua é ligada pelo Arduino Nano. Uma saída baixa do LED1 indica noite e desliga as luzes.

- Para ligar e desligar os candeeiros de rua, é utilizado um módulo de relé de 5V. Este módulo de relé controla o ligar e desligar da luz de rua.

- O candeeiro de iluminação pública é um modelo LED de 36 watts. quando se liga e a tensão é determinada utilizando o TC e o TP.
- P=VI é calculado utilizando esta potência com o pressuposto de que PF=1.
- O Módulo LORA RA 02 é agora utilizado para enviar a corrente, a tensão, a potência e o estado da lâmpada - ou seja, se está a piscar ou não. Este módulo LoRa opera a 433 MHz. O protocolo utilizado é o SPI.

5.2 Módulo recetor

Figura 5.2- Modelo de recetor proposto

O módulo recetor desempenha um papel crucial num sistema de controlo de iluminação pública baseado em LoRa, recebendo e processando comandos sem fios de um controlador central. Nesta revisão, aprofundamos o funcionamento do módulo recetor e seus componentes essenciais.

O controlador do lado do recetor é um Arduino nano. A disposição dos pinos do LORA RA 02 é ligada ao Arduino Nano de acordo com a tabela 2.

O módulo transmissor de iluminação pública envia dados para o recetor. A comunicação em série é utilizada para enviar estes dados recebidos para o servidor. Para o efeito, é mantida uma velocidade de 115200 baud. A função deste módulo recetor é receber os dados do módulo transmissor de iluminação pública e enviá-los para o servidor.

Tabela 2- Ligação dos pinos do Arduino Nano para o lado do recetor

Sr. No.	Arduino Nano Pin	Interface device /device pin
1	D2	DIO0-LORA
2	D9	RST-LORA
3	D10	NSS-LORA
4	D11	MOSI-LORA
5	D12	MISO-LORA
6	D13	SCK-LORA

5.3 Servidor-

O Python GUI é utilizado para criar o servidor. Os dados recebidos são visualizados para este efeito utilizando a interface gráfica TK inter. A taxa de transmissão é definida para 115200 por este motivo. De cada vez que os dados são lidos, é criado e armazenado um ficheiro Excel. O código abre primeiro numa GUI vazia e começa a aceder a um ficheiro Excel quando é iniciado. O botão Iniciar faz com que os dados de série sejam lidos a partir do recetor, guardados num ficheiro Excel e mostrados na interface gráfica do utilizador.

O valor médio da corrente é calculado após a realização das primeiras 20 leituras. Depois disso, este valor é apresentado no GUI e guardado no Excel. O limiar de tolerância é de 10% desta corrente média.

Os candeeiros de iluminação pública estão a consumir mais corrente do que o normal se o valor da corrente for superior a 10% da corrente média e inferior a 20% da corrente média.

Considera-se que uma lâmpada está a funcionar em curto-circuito se a sua corrente exceder 20% da corrente média. Para demonstrar este efeito, aumente a carga para fazer com que a corrente aumente. Ligar lâmpadas adicionais aumenta a carga.

5.4 Luz de rua-

Figura 5.3- Iluminação pública

Quadro 3- Especificações da iluminação pública

Light Source:	Lens Led
Body Colour:	Grey
Light Color:	White
Input Voltage:	85V- 265V
IP Rating:	IP65 (waterproof & weatherproof)
Material used:	Aluminum die-cast with rust proof powder coating.
Warranty:	2 Years
lumens :	120 lumens per watt

Capítulo 6
RESULTADOS E DISCUSSÃO

O LDR detecta o dia e a noite e sinaliza o controlador (Arduino) em conformidade. As lâmpadas acender-se-ão se o controlador ligar o relé durante a noite. Com a luz acesa, o Transformador de Corrente-CT detecta a corrente que passa pela fase e fornece a informação ao controlador.

A mudança para cidades inteligentes exige uma gestão eficiente dos recursos, e a iluminação pública não é exceção. Os sistemas de controlo baseados em LoRa estão a emergir como uma solução promissora, oferecendo uma combinação atraente de versatilidade, economia de custos e poupança de energia. Esta análise analisa os principais aspectos desta tecnologia, destacando as suas vantagens e desafios.

Os sistemas de controlo de iluminação pública baseados em LoRa oferecem uma solução atraente para cidades inteligentes que procuram otimizar a infraestrutura de iluminação, reduzir o consumo de energia e aumentar a segurança. Ao aproveitar as vantagens da tecnologia LoRa, as cidades podem abrir caminho para um ambiente urbano mais sustentável, eficiente e inteligente. No entanto, a resolução dos desafios relacionados com a cobertura da rede, a segurança e a normalização é crucial para a concretização de todo o potencial desta tecnologia. À medida que o mercado continua a evoluir, novos avanços nas capacidades LoRa e na colaboração da indústria irão, sem dúvida, desbloquear possibilidades ainda maiores para a iluminação pública inteligente e muito mais.

A vantagem LoRa:

- Longo alcance, baixa potência: As capacidades de comunicação de baixo consumo de energia e longo alcance do LoRa tornam-no ideal para controlar luzes de rua espalhadas por grandes distâncias. Isto elimina a necessidade de infra-estruturas de cablagem complexas, reduzindo os custos de instalação e as despesas de manutenção.
- Escalabilidade e flexibilidade: As redes LoRa são altamente escaláveis, permitindo uma fácil expansão à medida que as cidades crescem. Elas também

suportam vários tipos de nós, permitindo a integração de vários sensores para monitoramento ambiental, gerenciamento de tráfego e outras aplicações de cidades inteligentes.

- Solução económica: A natureza de baixo consumo de energia do LoRa reduz significativamente o consumo de energia, contribuindo para reduzir os custos operacionais. Além disso, a natureza de código aberto da tecnologia promove a concorrência e reduz o custo dos componentes de hardware.
- Confiável e seguro: A penetração robusta do sinal LoRa através de paredes e outros obstáculos garante uma comunicação fiável mesmo em ambientes urbanos. Além disso, os protocolos de encriptação avançados fazem dela uma plataforma segura, protegendo dados sensíveis e impedindo o acesso não autorizado.

6.1 Módulo transmissor-

A tensão é detectada através de um único sensor de tensão AC, ZMPT101B. O fluxo de corrente para os dois candeeiros de rua é detectado por dois sensores de corrente, ZMCT103C, que estão a ser utilizados neste momento. A alimentação de 5V DC alimenta os sensores de tensão e de corrente. O controlador do módulo transmissor de luz de rua é um Arduino Nano. Com uma fonte de 5V DC, ele funciona.

Os pinos analógicos A0 estão ligados ao PT (transformador de potencial), e A1 e A2 estão ligados ao CT (transformador de corrente). O Arduino Nano calcula a potência através da leitura dos valores RMS da tensão e da corrente. Estão a ser utilizados dois módulos LDR.

Para a deteção diurna e nocturna, é utilizado um único LDR. A luz da rua apagar-se-á durante o dia e as luzes da rua acender-se-ão à noite. O LDR usa a luz que o atinge para determinar o dia e a noite, porque a resistência à luz do LDR varia. O LDT tem resistência BAIXA durante o dia e resistência ALTA à noite.

Para identificar a cintilação de um candeeiro de rua, é utilizado um segundo LDR. Se a luz da rua estiver a piscar constantemente, o LED emitirá níveis altos e baixos, o que indica que a luz da rua está a piscar. Se a luz estiver sempre acesa, então tudo está a funcionar normalmente. Se a luz estiver sempre acesa, então tudo está a funcionar normalmente. As luzes da rua começam a desvanecer-se se se deteriorarem.

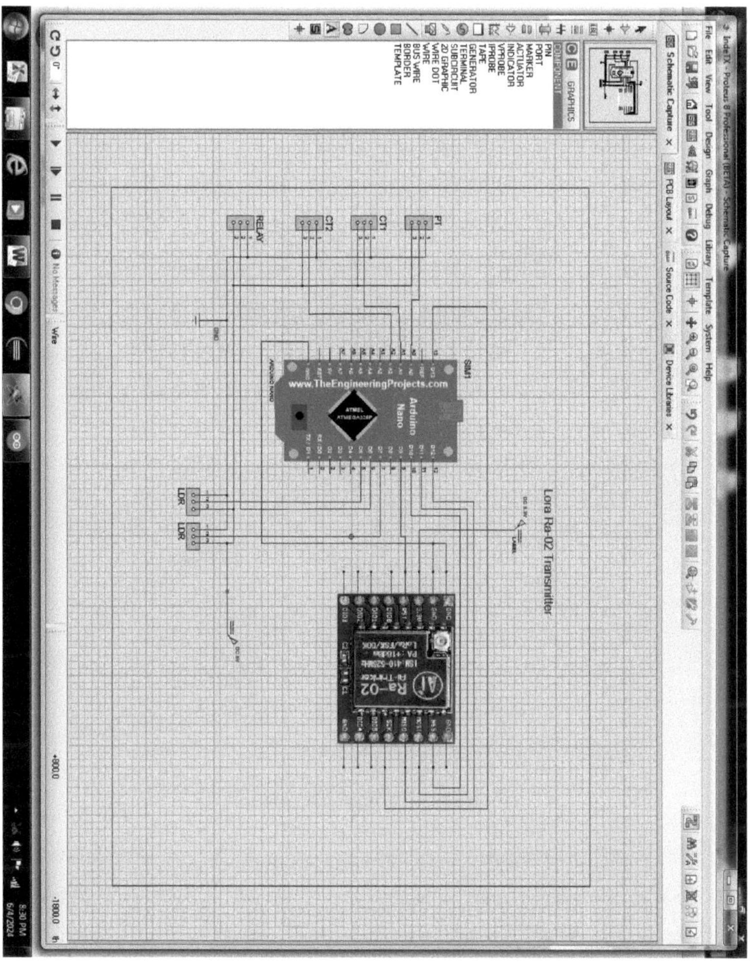

Figura 6.1 - Módulo transmissor

A obtenção de uma leitura com corrente zero é crucial para a medição da corrente. É utilizada uma média de 10 leituras para calcular a contagem de leituras quando o sistema está definido para zero. Esta média é considerada como o valor zero atual. A contagem de corrente ativa é reduzida por este valor. Este método é utilizado para diminuir o erro de leitura.

Figura 6.2- Circuito do emissor

O Arduino verifica o estado do LDR 1 após esta definição de zero. Quando a saída do LED 1 é alta, indica que é noite e a luz da rua é ligada pelo Arduino Nano. Para ligar e desligar as luzes da rua, é utilizado um módulo de relé de 5V. Este módulo de relé controla o ligar e desligar da luz de rua.

O candeeiro de rua é um modelo LED de 36 watts.quando se liga e a tensão é determinada utilizando o TC e o TP. P=VI é calculado usando esta potência com a suposição de que PF=1.

O módulo LORA RA 02 é agora utilizado para enviar a corrente, a tensão, a potência e o estado da lâmpada - isto é, se está a piscar ou não. Este módulo LoRa opera a 433 MHz. O protocolo utilizado é o SPI.

6.2 Módulo recetor

Na extremidade recetora, um Arduino nano serve de controlador. O Arduino Nano está ligado à interface LORA RA 02. Os dados do módulo transmissor de iluminação pública são recebidos pelo recetor. Através da comunicação em série, os dados recebidos são enviados para o servidor, mantendo-se uma velocidade de transmissão de 115200. O objetivo deste módulo de receção é receber os dados do módulo emissor da luz de rua e enviá-los para o servidor.

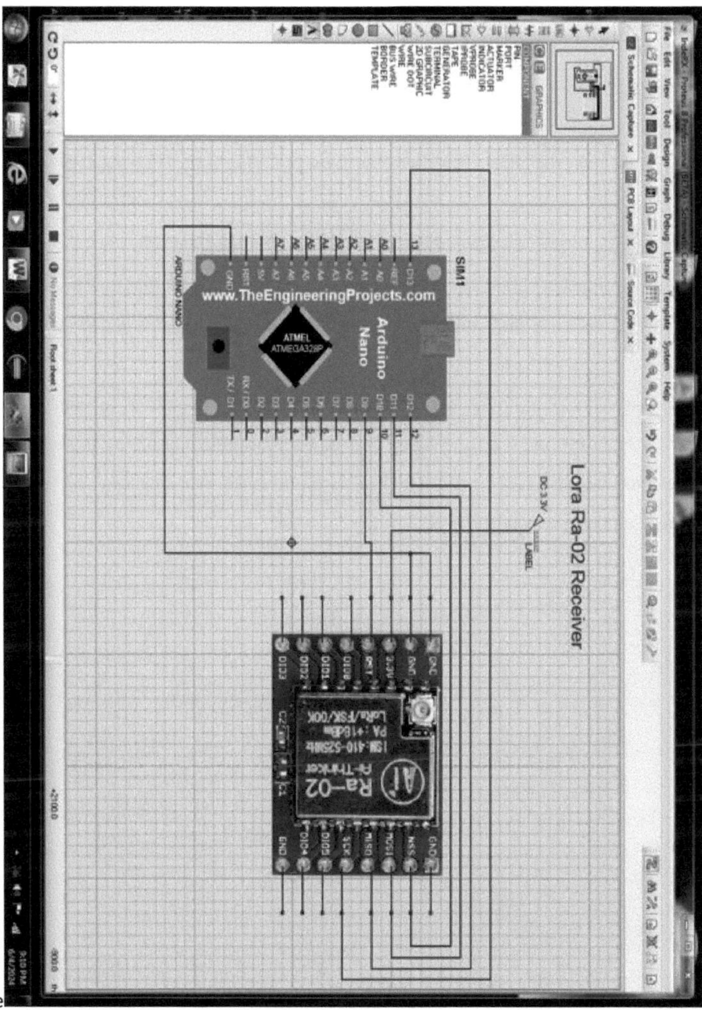

Figura 6.3- Módulo recetor

6.3 Servidor-

O Python GUI é utilizado na criação do servidor. Para mostrar os dados recebidos para este efeito, é utilizada a TK inter GUI. Por este motivo, a taxa de transmissão está configurada em 115200.

Os dados são guardados num ficheiro Excel de cada vez que são lidos. Ao executar o código, abre-se uma interface gráfica de utilizador vazia e acede-se ao ficheiro Excel. Ao premir o botão Iniciar, os dados de série são obtidos do recetor, guardados num ficheiro Excel e mostrados na interface gráfica de utilizador.

Após as primeiras 20 leituras, é determinado o valor médio da corrente. Este valor é então apresentado no GUI e guardado no Excel (Figura 6.9). O limite de tolerância desta corrente média é de 10%.

Se o valor da corrente for superior a 10% da corrente média e inferior a 20%, é sinal de que a iluminação pública está a consumir mais corrente do que o habitual, o que significa que existe a possibilidade de um curto-circuito devido a um aumento da corrente.

Considera-se que a lâmpada está em curto-circuito e que está a receber corrente excessiva se a corrente for superior a 20% da corrente típica. Aumentar a carga para provocar um aumento da corrente, a fim de demonstrar este impacto: ao ligar mais lâmpadas, a carga aumenta.

Figura 6.4- Circuito do servidor

6.4 Resultados

Os sistemas de controlo de iluminação pública baseados em LoRa provaram ser uma solução altamente eficaz para otimizar a eficiência energética, aumentar a fiabilidade e melhorar o desempenho geral do sistema. As suas capacidades avançadas, juntamente com o potencial de crescimento futuro, solidificam a LoRa como uma tecnologia transformadora para infra-estruturas urbanas inteligentes. Ao aproveitar o seu poder, os municípios podem criar ambientes urbanos mais seguros, mais sustentáveis e iluminados de forma inteligente.

A GUI do sistema proposto é apresentada na Figura 6.5. Este módulo frontal mostra o sistema de controlo de duas luzes de rua. Para cada candeeiro de rua, são mostrados a corrente, a tensão, a potência, a corrente média, o estado da lâmpada e o resultado final relativo a uma lâmpada específica. O resultado mostra que o estado da lâmpada depende de todas as condições apresentadas no front end.

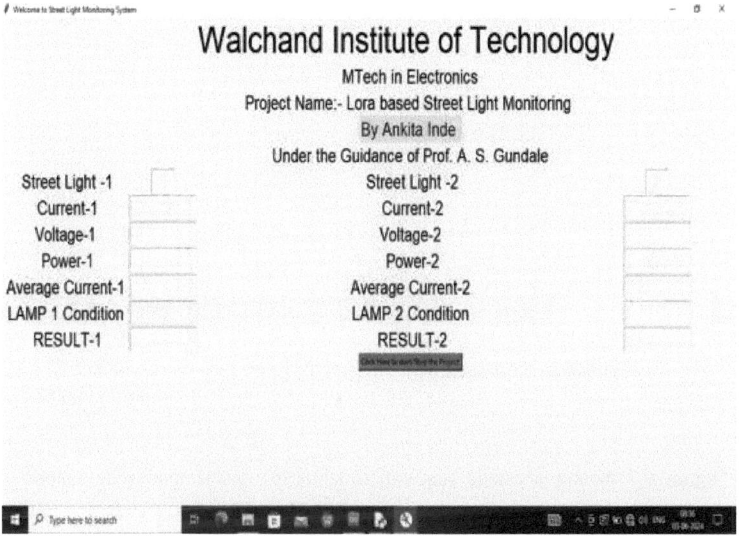

Figura 6.5 - GUI do módulo de controlo da iluminação pública no lado do servidor.

A Figura 6.6 mostra a condição (em experimentação) para o resultado. As condições para a lâmpada são

Corrente -209.0mA

Tensão- 248V

Potência 52 mW

Corrente média da lâmpada - 187 mA

Condição da lâmpada - Normal

Resultados da lâmpada - Possibilidade de curto-circuito

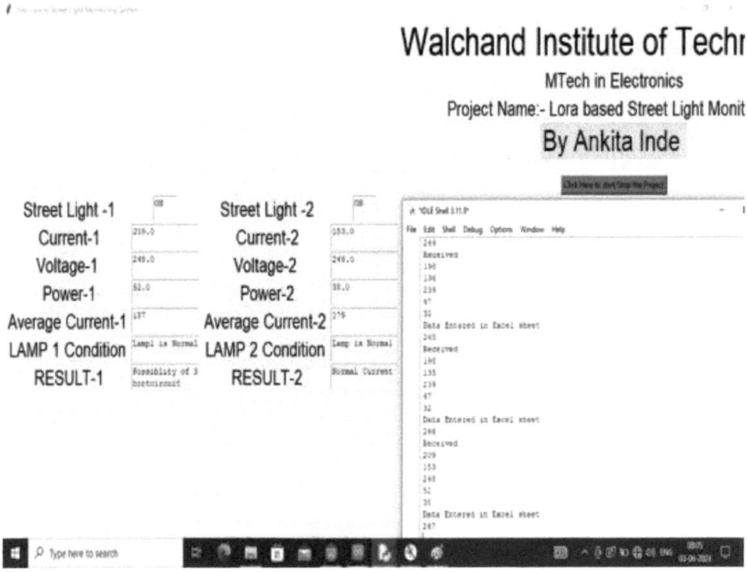

Figura 6.6- Resultado para uma condição no lado do servidor

A figura 6.7 mostra o estado (em experimentação) das lâmpadas do sistema de monitorização da iluminação pública. A condição para a lâmpada1 é:

Corrente -198.0mA

Tensão- 248V

Potência 46 mW

Corrente média da lâmpada - 204 mA

Estado da lâmpada - Normal

Resultados da lâmpada - Normal

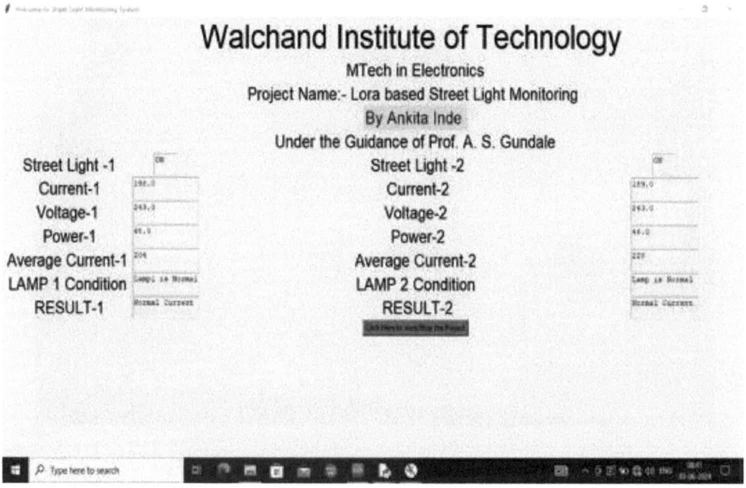

Figura 6.7 - Resultados de outras condições no lado do servidor

A figura 6.8 mostra o sistema de duas lâmpadas a bordo. No nosso sistema proposto, vamos utilizar duas lâmpadas no nosso estudo. O sistema de duas lâmpadas é mais adequado para comparação do que o sistema de uma só lâmpada. Na placa, utilizámos lâmpadas de 36W para a experiência. As lâmpadas utilizadas são apresentadas na Figura 5.3 do capítulo 5.

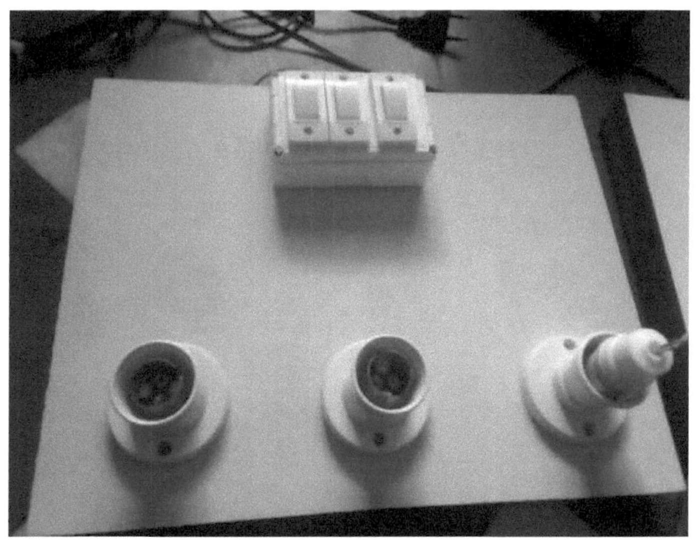

Figura 6.8- Placa de lâmpadas para duas lâmpadas

Após as primeiras 20 leituras, é determinado o valor médio da corrente. Este valor é então apresentado no GUI e guardado no Excel (Figura 6.9). O limiar de tolerância desta corrente média é de 10%. Os dados são introduzidos no formato Excel após cada 5 leituras, uma vez completadas as primeiras 20 leituras. Porque demos o limite de 20 leituras para registo em formato Excel após o arranque do sistema. Uma vez completadas as primeiras 20 leituras, após 5 leituras, a informação é armazenada em formato de folha de Excel para estudo e análise posteriores. Assim, criámos o nosso próprio conjunto de dados para comparação. Este conjunto de dados define o estado horário/diário das lâmpadas.

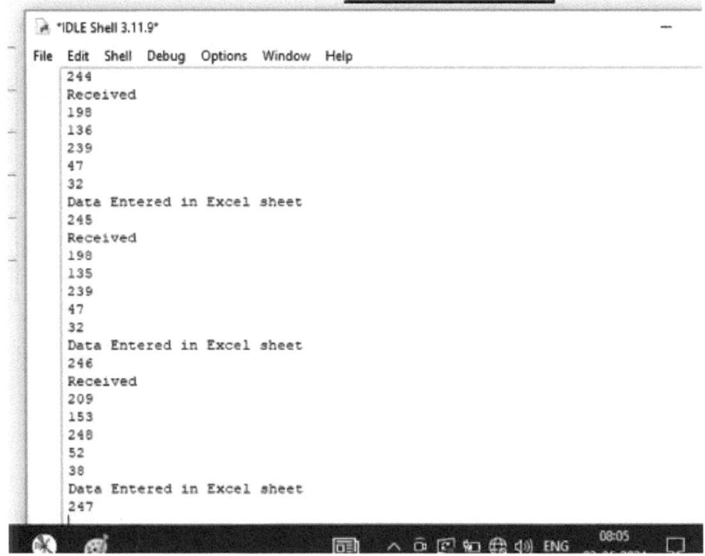

Figura 6.9- Resultados em folha Excel.

Capítulo 7
CONCLUSÃO E ÂMBITO FUTURO

7.1 Conclusão

O sistema de monitorização da iluminação pública e de exame do estado das lâmpadas com base na tecnologia LoRa é uma forma muito eficaz e eficiente de gerir a iluminação pública, que pode ser determinada após uma análise e revisão exaustivas ao começar a trabalhar nela. Esta tecnologia inovadora oferece inúmeros benefícios que podem melhorar muito o funcionamento geral das luzes da rua. Uma das principais vantagens deste sistema é a sua capacidade de monitorizar a iluminação pública em tempo real utilizando a tecnologia LoRa. Isto permite a deteção imediata de qualquer avaria ou falha, possibilitando a manutenção e reparação imediatas. Isto não só garante a segurança dos cidadãos, como também poupa tempo e recursos às autoridades. Além disso, a análise do estado das lâmpadas, caraterística deste sistema, fornece informações pormenorizadas sobre o desempenho das luzes de rua individuais. Isto ajuda a identificar luzes defeituosas ou ineficientes, permitindo uma manutenção e substituição direcionadas. Como resultado, as poupanças de energia e de custos obtidas através deste sistema são significativas. Os dados recolhidos pelos sensores podem ser acedidos remotamente, proporcionando comodidade e flexibilidade às autoridades. Além disso, a utilização da tecnologia LoRa torna este sistema altamente fiável e seguro. As capacidades de longo alcance e de baixo consumo de energia da LoRa garantem que o sistema pode cobrir uma grande área e funcionar eficientemente durante um período alargado.

Os sistemas de controlo de iluminação pública baseados na tecnologia LoRa têm um enorme potencial para melhorar a eficiência energética, reduzir custos e reforçar a segurança pública. No entanto, a resolução dos desafios de cobertura de rede, gestão de dados e interoperabilidade é essencial para a concretização de todos os benefícios desta tecnologia promissora. Com investimento contínuo em pesquisa e desenvolvimento, LoRa pode iluminar o caminho para cidades mais inteligentes, sustentáveis e seguras. No nosso sistema implementado, analisámos a tensão, a corrente e a potência da lâmpada para analisar a funcionalidade da lâmpada. Essa análise nos dá a condição da lâmpada, ou seja, com defeito, Ok ou curto-circuito etc. Implementamos esse sistema para dois pólos de lâmpadas que estão localizados remotamente e separados um do outro.

7.2 Âmbito futuro

Os sistemas de controlo de iluminação pública baseados em LoRa estão a ganhar força pela sua eficiência, relação custo-eficácia e potencial para contribuir para um futuro mais inteligente e sustentável. Este estudo explora o panorama atual e as possibilidades futuras desta tecnologia.

- Integração com cidades inteligentes: A iluminação pública baseada em LoRa pode ser perfeitamente integrada com outras iniciativas de cidades inteligentes, como sistemas de gestão de tráfego, monitorização ambiental e aplicações de segurança pública. Isto cria soluções interligadas que optimizam as operações urbanas e melhoram o bem-estar dos cidadãos.
- Caraterísticas avançadas de iluminação: A integração da tecnologia LED e dos sensores permite um controlo dinâmico da iluminação com base em vários parâmetros, como as condições meteorológicas, a densidade do tráfego e a atividade dos peões. Isto optimiza a qualidade da iluminação e aumenta a segurança.
- Análise de dados e manutenção preditiva: A vasta quantidade de dados gerados pelos postes de iluminação pública habilitados para LoRa capacita os algoritmos de manutenção preditiva. Ao analisar tendências e padrões, as potenciais falhas podem ser antecipadas e tratadas de forma proactiva, minimizando as interrupções e prolongando a vida útil da infraestrutura.
- Segurança e proteção contra adulteração: LoRa oferece recursos de segurança inerentes que protegem contra acesso e manipulação não autorizados. Isto é crucial para infra-estruturas críticas como a iluminação pública, garantindo a integridade dos dados e a fiabilidade operacional.
- Novas aplicações e inovações: À medida que a tecnologia LoRa evolui, as suas aplicações na iluminação pública continuarão a expandir-se. Podemos esperar ver funcionalidades como a monitorização integrada da qualidade do ar, a deteção de poluição sonora e até a utilização de postes de iluminação pública como centros de comunicação para outros dispositivos de cidades inteligentes.

A tecnologia LoRa é imensamente promissora para revolucionar a iluminação pública e contribuir para o desenvolvimento de cidades mais inteligentes e sustentáveis. Com a sua capacidade de aumentar a eficiência energética, melhorar a eficiência operacional e desbloquear aplicações inovadoras, a LoRa desempenhará um papel fundamental na definição do futuro das infra-estruturas urbanas. A resolução dos desafios relacionados com a cobertura da rede, a segurança e a interoperabilidade será essencial para libertar todo o potencial desta tecnologia transformadora.

BIBLIOGRAFIA

[1]. N. Sravani, Y. Latha, G. Nirmala, "Controlo da luz de rua e monitorização da deteção de falhas utilizando LoRa", Revista Internacional de Tendências Modernas em Ciência e Tecnologia, 7(09): 242-245, 2021

[2]. Sr. T.Gowdhaman & Sr. Dr.D.Surendran, "Controlo automático da iluminação pública e sistema de deteção de falhas com armazenamento em nuvem", Revista Internacional de Investigação Científica e de Engenharia Volume 8, Edição 5, maio-2017.

[3]. Siddarthan Chitra Suseendran, "Smart Street lighting System", IEEE Xplore Part Number:CFP18AWO-ART; ISBN:978-1-5386-4765-3

[4]. Dr. H Ravishankar Kamath , & Mr. V Siva Brahmaiah Rama , S S P M Sharma B, "Sistema de monitorização da iluminação pública utilizando IOT", International Journal of Engineering & Technology - março de 2018 DOI: 10.14419/ijet.v7i2.7.11675 .

[5]. Wale Anjali D., Rokade Dipali, et al, "Sistema de agricultura inteligente usando IoT", Jornal Internacional de Pesquisa Inovadora em Tecnologia, 2019, Vol 5, Edição 10, pp.493 - 497

[6]. Kazi K S L, "Significância da projeção e rotação da imagem na correspondência de cores para imagens panorâmicas de alta qualidade usadas para estudo aquático", International Journal of Aquatic Science, 2018, Vol 09, Issue 02, pp. 130 - 145.

[7]. M Pradeepa, et al, "Student Health Detection using a Machine Learning Approach and IoT", 2022 IEEE 2nd Mysore sub section International Conference (MysuruCon), 2022.

[8]. Pankaj R Hotkar, Vishal Kulkarni, et al, "Implementação de baixo consumo de energia e área eficiente carry select Adder", Revista Internacional de Pesquisa em Engenharia, Ciência e Gestão, 2019, Vol 2, Edição 4, pp. 183 - 184.

[9]. Kazi K S, "Detection of Malicious Nodes in IoT Networks based on Throughput and ML", Journal of Electrical and Power System Engineering, 2023, Volume-9, Issue 1, pp. 22- 29. Disponível em: https:

[10]. Karale Nikita, Jadhav Supriya, et al, "Design of Vehicle system using CAN Protocol", International Journal of Research in Applied science and Engineering Technology, 2020, Vol 8, issue V, pp. 1978 - 1983, http://doi.org/10.22214/ijraset.2020.5321.

[11]. K. Kazi, "Lassar Methodology for Network Intrusion Detection", Scholarly Research Journal for Humanity science and English Language, 2017, Vol 4, Issue 24, pp.6853 - 6861.

[12]. Kazi K., " Hybrid optimum model development to determine the Break", Journal of Multimedia Technology & Recent Advancements, 2022, vol 9, issue 2, pp. 24 - 32

[13]. Kazi K., "Model for Agricultural Information system to improve crop yield using IoT", Journal of open Source development, 2022, vol 9, issue 2, pp. 16 - 24.

[14]. Salunke Nikita, et al, "Announcement system in Bus", Journal of Image Processing and Intelligent remote sensing, 2022, Vol 2, issue 6

[15]. K. K. S. Liyakat, "Detecting Malicious Nodes in IoT Networks Using Machine Learning and Artificial Neural Networks," 2023 International Conference on Emerging Smart Computing and Informatics (ESCI), Pune, India, 2023, pp. 1-5, doi: 10.1109/ESCI56872.2023.10099544.

[16]. Satpute Pratiskha Vaijnath, Mali Prajakta et al. "Smart safty Device for Women", International Journal of Aquatic Science, 2022, Vol 13, Issue 1, pp. 556 - 560

[17]. Miss. Priyanka M Tadlagi, et al, "Deteção de Depressão", Jornal de Questões de Saúde Mental e Comportamento (JHMIB), 2022, Vol 2, Edição 6, pp. 1 - 7

[18]. Waghmare Maithili, et al, "Smart watch system", Revista internacional de tecnologia da informação e engenharia informática (IJITC), 2022, Vol 2, número 6, pp. 1 - 9.

[19]. K. Kazi, "Smart Grid energy saving technique using Machine Learning" Journal of Instrumentation Technology and Innovations, 2022, Vol 12, Issue 3, pp. 1 - 10.

[20]. K K S Liyakat (2022). Implementação da segurança do correio eletrónico com três camadas de autenticação, Journal of Operating Systems Development and Trends, 9(2), 29-35

[21]. Mishra Sunil B., et al. (2024). Nanotechnology's Importance in Mechanical Engineering, Journal of Fluid Mechanics and Mechanical Design, 6(1), 1-9.

[22]. Kazi Kutubuddin Sayyad Liyakat (2024). Blynk IoT-Powered Water Pump-Based Smart Farming, Tendências recentes em tecnologia de semicondutores e sensores, 1(1), 8-14.

[23]. Kazi Sultanabanu Sayyad Liyakat, Kazi Kutubuddin Sayyad Liyakat (2024). Detetor de álcool baseado em IoT usando Blynk, Journal of Electronics Design and Technology, 1(1), 10-15.

[24]. Mishra Sunil B., et al. (2024). Revisão da literatura e estrutura metodológica para integração de IoT e PLM no setor de manufatura, Journal of Advancement in Machines, 9(1), 1-5

[25]. Prashant K Magadum (2024). Machine Learning for Predicting Wind Turbine Output Power in Wind Energy Conversion Systems, Grenze International Journal of Engineering and Technology, Jan Issue, Vol 10, Issue 1, pp. 2074-2080. ID Grenze: 01.GIJET.10.1.4_1

[26]. Mishra Sunil B., et al. (2024). IoT orientada por IA (AI IoT) em engenharia termodinâmica, Journal of Modern Thermodynamics in Mechanical System, 6(1), 1-8.

[27]. Kazi Kutubuddin Sayyad Liyakat (2024). Impact of Solar Penetrations in Conventional Power Systems and Generation of Harmonic and Power Quality Issues, Advance Research in Power Electronics and Devices, 1(1), 10-16.

[28]. Menina. Mamdyal, Miss. Sandupatia, et al, " GPS Tracking System", International Journal of Advanced Research in Science, Communication and Technology (IJARSCT), 2022, Vol 2, issue- 1, pp. 2492 - 2529,

[29]. Vahida Kazi, et al, "Deep Learning, YOLO and RFID based smart Billing Handcart", Journal of Communication Engineering & Systems, 2023, 13(1), pp. 1-8

[30]. K. Kasat, N. Shaikh, V. K. Rayabharapu, M. Nayak, "Implementação e reconhecimento do sistema de gestão de resíduos com solução de mobilidade em cidades inteligentes utilizando a Internet das Coisas", 2023 Segunda Conferência Internacional sobre Inteligência Aumentada e Sistemas Sustentáveis (ICAISS), Trichy, Índia, 2023, pp. 1661-1665, doi: 10.1109/ICAISS58487.2023.10250690

[31]. Liyakat, K.K.S. (2024). Abordagem de aprendizado de máquina usando redes neurais artificiais para detetar nós maliciosos em redes IoT. Em: Udgata, S.K., Sethi, S., Gao, XZ. (eds) Sistemas Inteligentes. ICMIB 2023. Notas de aula em redes e sistemas, vol. 728. Springer, Singapura. https://doi.org/10.1007/978-981-99-3932-9_12 disponível em: https:

[32]. Pankaj R Hotkar, Vishal Kulkarni, et al, "Implementação de baixo consumo de energia e área eficiente carry select Adder", Revista Internacional de Pesquisa em Engenharia, Ciência e Gestão, 2019, Vol 2, Edição 4, pp. 183 - 184.

[33]. Karale Aishwarya A, et al, "Carrinho de faturação inteligente utilizando RFID, YOLO e aprendizagem profunda para a administração de centros comerciais", Jornal Internacional de Instrumentação e Ciências da Inovação, 2023, Vol 8, Issue- 2.

[34]. i Sultanabanu Sayyad Liyakat (2023). Integração de IoT e sistemas mecânicos em aplicações de engenharia mecânica, Journal of Mechanical Robotics, 8(3), 1-6.

[35]. Sultanabanu Sayyad Liyakat (2023). Compensação de dispersão em fibra ótica: A Review, Journal of Telecommunication Study, 8(3), 14-19.

[36]. Sultanabanu Sayyad Liyakat (2023). Sistema de monitorização meteorológica baseado em IoT e alimentado por Arduino, Journal of Telecommunication Study, 8(3), 25-31.

[37]. Kazi Sultanabanu Sayyad Liyakat (2023). Sistema de monitorização meteorológica baseado em Arduino, Journal of Switching Hub, 8(3), 24-29.

[38]. Kazi Sultanabanu Sayyad Liyakat (2023). Controlo de potência fotovoltaica para utilização de armazenamento de energia em microrredes de corrente contínua, Journal of Digital Integrated Circuits in Electrical Devices, 8(3), 1-8.

[39]. Sultanabanu Sayyad Liyakat (2023). IoT em veículos eléctricos: Um estudo, Journal of Control and Instrumentation Engineering, 9(3), 15-21.

[40]. Sultanabanu Sayyad Liyakat (2023). IoT na indústria da energia eléctrica, Journal of Controller and Converters, 8(3), 1-7.

[41]. Kazi Sultanabanu Sayyad Liyakat (2023). IoT Changing the Electronics Manufacturing Industry, Journal of Analog and Digital Communications, 8(3), 13-17.

[42]. Kutubuddin Sayyad Liyakat (2023), Sistema para cuidados de saúde amorosos para entes queridos com base na IoT. Exploração de pesquisa: Transcendência dos métodos e metodologias de investigação, Volume 2, ISBN: 979-8873806584, ASIN: B0CRF52FSX

[43]. Kutubuddin S. L., "A novel Design of IoT based 'Love Representation and Remembrance' System to Loved One's", Gradiva Review Journal, 2022, Vol 8, Issue 12, pp. 377 - 383.

[44]. Kazi Sultanabanu Sayyad Liyakat,(2023). Aceitando a Internet das Nano-Coisas: Synopsis, Developments, and Challenges. Jornal de Nanociência, Nanoengenharia e Aplicações. 2023; 13(2): 17-26p. DOI: https:

[45]. Sultanabanu Sayyad Liyakat (2023). Eletrónica com Inteligência Artificial Criando um Futuro Mais Inteligente: A Review, Journal of Communication Engineering and Its Innovations, 9(3), 38-42

[46]. Kazi Kutubuddin S. L., "Business Mode and Product Life Cycle to Improve Marketing in Healthcare Units", E-Commerce for future & Trends, 2022, vol 9, issue 3, pp. 1-9.

[47]. Kazi Kutubuddin Sayyad Liyakat, "IoT based Substation Health Monitoring", In: Rhituraj Saikia (eds), Magnification of Research: Investigação avançada em ciências sociais e humanas, Volume 2, outubro de 2023, pp. 160 - 171, ISBN: 979-8864297803

[48]. Kazi Kutubuddin Sayyad Liyakat, "IoT based Smart HealthCare Monitoring", In: Rhituraj Saikia (eds), Liberation of Creativity: Navigating New Frontiers in Multidisciplinary Research, Vol. 2, julho de 2023, pp. 456-477, ISBN: 979-8852143600

[49]. Kutubuddin, "Blockchain-Enabled IoT Environment to Embedded System a Self-Secure Firmware Model", Journal of Telecommunication study, 2023, Vol 8, Issue 1

[50]. Kazi, K. (2024). IoT orientada por IA (AIIoT) no monitoramento de cuidados de saúde. Em T. Nguyen & N. Vo (Eds.), Using Traditional Design Methods to Enhance AI-Driven Decision Making (pp. 77-101). IGI Global. https://doi.org/10.4018/979-8-3693-0639-0.ch003 disponível em: https://www.igi-global.com/chapter/ai-driven-iot-aiiot-in-healthcare-monitoring/336693

[51]. Kazi, K. (2024). Modelação e Simulação de Veículos Eléctricos para Análise de Desempenho: Implementação de veículos eléctricos BEV e HEV utilizando Simulink para ecossistemas de mobilidade eletrónica. Em L. D., N. Nagpal, N. Kassarwani, V. Varthanan G., & P. Siano (Eds.), E-Mobility in Electrical Energy Systems for Sustainability (pp. 295-320). IGI Global. https://doi.org/10.4018/979-8-3693-2611-4.ch014 Disponível em: https:

[52]. S. B. Khadake e V. J. Patil, "Prototype Design & Development of Solar Based Electric Vehicle," 2023 3rd International Conference on Smart Generation Computing, Communication and Networking (SMART

GENCON), Bangalore, Índia, 2023, pp. 1-7, doi: 10.1109/SMARTGENCON60755.2023.10442455.

Printed by Books on Demand GmbH, Norderstedt / Germany